"十二五"国家重点图书

特殊钢丛书

合金钢棒线材生产技术

董志洪 著

北 京
冶金工业出版社
2019

内 容 简 介

本书系统地介绍了国外先进的以棒线材为代表的合金钢生产工艺和设备参数，深入剖析了钢帘线用线材和轴承钢、阀门钢用棒材等高洁净度棒线材的成分、性能、组织与工艺控制之间的关系，为改进我国合金钢棒线材的质量提供了详实的技术指导意见。

本书可供钢铁企业、设计研究院所和大专院校相关专业的技术人员、研究设计人员和师生学习借鉴及参考。

图书在版编目（CIP）数据

合金钢棒线材生产技术/董志洪著 . —北京：冶金工业出版社，2019.6

（特殊钢丛书）

ISBN 978-7-5024-7953-4

Ⅰ.①合… Ⅱ.①董… Ⅲ.①合金钢—金属棒—线材轧制 Ⅳ.①TG335.6

中国版本图书馆 CIP 数据核字（2019）第 110929 号

出 版 人　谭学余
地　　址　北京市东城区嵩祝院北巷 39 号　邮编　100009　电话　(010)64027926
网　　址　www.cnmip.com.cn　电子信箱　yjcbs@cnmip.com.cn
责任编辑　李培禄　美术编辑　彭子赫　版式设计　孙跃红
责任校对　李　娜　责任印制　李玉山
ISBN 978-7-5024-7953-4
冶金工业出版社出版发行；各地新华书店经销；三河市双峰印刷装订有限公司印刷
2019 年 6 月第 1 版，2019 年 6 月第 1 次印刷
169mm×239mm；9.25 印张；178 千字；135 页
45.00 元

冶金工业出版社　投稿电话　(010)64027932　投稿信箱　tougao@cnmip.com.cn
冶金工业出版社营销中心　电话　(010)64044283　传真　(010)64027893
冶金工业出版社天猫旗舰店　yjgycbs.tmall.com
（本书如有印装质量问题，本社营销中心负责退换）

《特殊钢丛书》序言

特殊钢是众多工业领域必不可少的关键材料，是钢铁材料中的高技术含量产品，在国民经济中占有极其重要的地位。特殊钢材占钢材总量比重、特殊钢产品结构、特殊钢质量水平和特殊钢应用等指标是反映一个国家钢铁工业发展水平的重要标志。近年来，在我国社会和经济快速健康发展的带动下，我国特殊钢工业生产和产品市场发展迅速，特殊钢生产装备和工艺技术不断提高，特殊钢产量和产品质量持续提高，基本满足了国内市场的需求。

目前，中国经济已进入重工业加速发展的工业化中期阶段，我国特殊钢工业既面临空前的发展机遇，又受到严峻的挑战。在机遇方面，随着固定资产投资和汽车、能源、化工、装备制造和武器装备等主导产业的高速增长，全社会对特殊钢产品的需求将在相当长时间内保持在较高水平上。在挑战方面，随着工业结构的提升、产品高级化，特殊钢工业面临着用户对产品品种、质量、交货时间、技术服务等更高要求的挑战，同时还在资源、能源、交通运输短缺等方面需应对日趋激烈的国内外竞争的挑战。为了迎接这些挑战，抓住难得发展机遇，特殊钢企业应注重提高企业核心竞争力以及在资源、环境方面的可持续发展。它们主要表现在特殊钢产品的质量提高、成本降低、资源节约型新产品研发等方面。伴随着市场需求增长、化学冶金学和物理金属学发展、冶金生产工艺优化与技术进步，特殊钢工业也必将日新月异。

从20世纪70年代世界第一次石油危机以来，工业化国家的特殊钢生产、产品开发和工艺技术持续进步，已基本满足世界市场需求、资源节约和环境保护等要求。近年来，在国家的大力支持下，我国科研院所、高校和企业的研发人员承担了多项国家科技项目工作，在特殊钢的基础理论、工艺技术、产品应用等方面也取得了显著成绩，特别是近 20 年来各特钢企业的装备更新和技术改造促进了特殊钢行业进步。为了反映特殊钢技术方面的进展，中国金属学会特殊钢分会、先进钢铁材料技术国家工程研究中心和冶金工业出版社共同发起，并由先进钢铁材料技术国家工程研究中心和中国金属学会特殊钢分会负责组织编写了新的《特殊钢丛书》，它是已有的由中国金属学会特殊钢分会组织编写《特殊钢丛书》的继续。由国内学识渊博的学者和生产经验丰富的专家组成编辑委员会，指导丛书的选题、编写和出版工作。丛书编委会将组织特殊钢领域的学者和专家撰写人们关注的特殊钢各领域的技术进展情况。我们相信本套丛书能够在推动特殊钢的研究、生产和应用等方面发挥积极作用。本套丛书的出版可以为钢铁材料生产和使用部门的技术人员提供特殊钢生产和使用的技术基础，也可为相关大专院校师生提供教学参考。本套丛书将分卷撰写，陆续出版。丛书中可能会存在一些疏漏和不足之处，欢迎广大读者批评指正。

《特殊钢丛书》编委会主编

中国工程院院长　　徐匡迪

2008 年夏

前　言

　　特殊钢是钢铁行业的重要组成部分，以合金钢棒线材为代表的特殊钢产品是我国国民经济各部门所需的基础材料，其质量的高低直接决定产品质量的好坏。我国钢铁行业近几十年快速发展，取得了长足进步。特殊钢相比普钢发展滞后，与世界发达国家还有不小的差距。加快特殊钢发展，满足国民经济对特钢的需求，是当代特钢人的历史责任。

　　随着我国国民经济的发展，铁路、航天、造船、机械、能源、医疗等行业对高性能、高质量的合金钢材的需求越来越迫切，加快研究和开发更多的合金钢产品，是摆在钢铁行业面前的重要任务。

　　根据世界科学界对未来高技术经济发展的预测，今后高新技术将成为新的经济增长点和新的产业，高新技术在如下领域将会有所突破：

　　（1）人工智能技术和物联网技术（各种用途的机器人、无人机、无人驾驶汽车、无人生产工厂、商店等）。

　　（2）现代生物技术（作物育种技术、克隆技术、病毒生物农药技术、新型疫苗技术等）。

　　（3）纳米技术（纳米材料、纳米器件、纳米生物、纳米医学等）。

　　（4）新型能源技术（太阳光伏技术、生物质能源、海洋能源等）。

　　（5）低碳技术和节能环保技术。

　　（6）基本粒子和宇宙探索技术。

　　上述高新技术对特殊钢提出更高更新的要求，加快发展如下特殊钢品种是当务之急：

　　（1）航天航空产业所需钛及钛合金、镁合金、铝合金制品。

　　（2）汽车、零部件及改装车、特种车生产所需齿轮钢、轴承钢、阀门钢、钢帘线等。

　　（3）磁悬浮技术所需的无磁钢、贝氏体钢、马氏体钢、双相钢材和铌、钽制品等。

　　（4）新型建筑所需的钢结构、抗震基础、新型门窗、新型供暖设备和厨房卫生间设备金属制品。

（5）海洋工程所需特殊钢及金属制品（海洋平台、船舶用钢、游艇制造、船用装饰材料）。

（6）装备制造业所需工程零部件、成套设备等特殊钢及金属制品（工程机械、石油机械、农业机械）。

（7）生物医药所需的特殊钢及金属制品（各种注射用针、针灸用针、美容用记忆合金、金属关节等）。

（8）轻工专业刀具、医疗器具和手工工具（军用刀具、医用刀具、农用刀具、理发刀具、屠宰刀具和民用刀具）所需的特殊钢。

（9）新型紧固件所需的特殊钢材（不锈钢钉、钛合金钉、无磁钢钉、医用、手表、仪器仪表用微型钉、核电用耐辐射钉）。

（10）眼镜等产业所需特殊钢材（小型钢、各种医用钢支架、各种首饰）。

（11）模具产业所需特殊钢（以汽车为代表的金属模具、塑料模具）。

（12）烘干机产业所需特殊钢（粮食烘干机、食品烘干机、中药用烘干机）。

（13）过滤器产业所需特殊钢（食品、医用、工业用、环保用）。

（14）精密无缝管产业所需特殊钢（医用毛细管、航空航天用、化工化肥用精密无缝管）。

（15）农业及城市建设用特殊钢（灌溉用、储水用、雨水、污水排放用、矿山通风、高层建筑空调用、农业储粮用、铁路公路建设用等）。

本书是在收集整理了作者在国外留学和工作期间的研究报告和翻译的技术论文及为宝钢、兴澄特钢等企业的讲课稿的基础上编写的，这些文章提供了特殊钢在冶炼、轧制和热处理工艺中的核心技术，值得我们认真研究和吸收。

本书编写过程中得到特殊钢学会董瀚教授和刘剑辉博士的大力支持，还得到李立复老师和日本学者奥岛敢先生、森山彰先生、山腰登先生、工藤英明先生、斋藤忠先生、吉池昭俊先生、山冈幸雄先生的帮助与指教，在此表示感谢。

由于作者水平有限，书中难免有不当之处，欢迎批评指正。

董志洪

2019 年 3 月 19 日

目　　录

1 钢帘线用线材生产技术

1.1 采用连铸工艺生产钢帘线用高质量线材

钢帘线主要用于制造轿车轮胎，钢帘线用 $\phi 0.15 \sim 0.38mm$ 高强钢丝经捻股制成，而这些钢丝是用 $\phi 5 \sim 5.5mm$ 线材经拉拔而成的，其抗张强度在 $2500 \sim 3100MPa$。在线材加工成细丝过程中如出现断丝，不仅影响企业生产效率和钢帘线的屈服强度，而且也影响帘线质量。减少断丝是钢帘线生产中一个很重要的课题。防止细丝断丝是一项高级加工技术，对生产钢帘线用线材的质量要求是很高的。

随着钢帘线制造技术的进步，轮胎轻量化并增加了带与地面的接触应力，一种高效新型带束生产机要求钢帘线的原料具有更好的内外质量。基于上述要求和需要，把研究细丝破损和改进线材质量作为一个研究课题。

通过一系列实验研究，成功开发了钢的精炼技术，使钢中有害夹杂物含量降低到最低程度，同时开发出了一种新的质量评估方法——对钢帘线生产中出现的破损率进行简要估算，而且结合开发大断面连铸坯技术，建立了生产高质量钢帘线的生产质量保证体系，这就大大降低了在钢帘线生产过程中的破损，本节主要介绍上述开发的新技术。

1.1.1 改进连铸坯的质量

1.1.1.1 钢丝断丝的原因分析

钢丝破断主要发生在拉拔和拧股过程中。图 1-1 显示出从破断细丝的破断表面上所观察到的引起钢丝破断的典型缺陷。缺陷可分为 4 种类型，在线材生产过程中最危险的缺陷是夹杂（图 1-1a）和中心偏析（图 1-1c），其会诱发山形裂纹。

通过对夹杂物形态和成分的分析，借助 SEM 扫描电镜和电子探针（EPMA）对含有破损面的钢丝用硝酸萃取后，对提取的夹杂物进行分析，发现夹杂物主要是 Al_2O_3。

图 1-2 显示的是典型 I 类和 II 类夹杂物，即 Al_2O_3 和 $MgO\text{-}Al_2O_3$。图 1-3 为钢帘线上的 II 类夹杂物。

1.1.1.2 减少钢中夹杂物的对策

I 类夹杂物的组成，经研究后发现是 Al_2O_3，分析认为耐火材料是其来源之

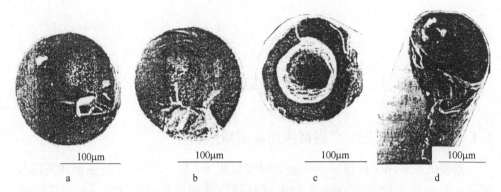

图 1-1　在捻股过程中破断钢丝典型破断断口
a—夹杂；b—碳化钨和钴；c—中心偏析；d—表面裂纹

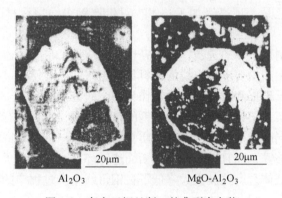

Al_2O_3　　　　　　　　　　$MgO\text{-}Al_2O_3$

图 1-2　存在于钢丝断口的典型夹杂物

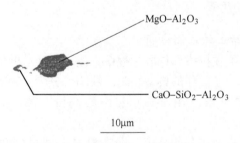

图 1-3　钢帘线上的 II 类夹杂物

一。这项基础研究给我们指出：减少 I 类夹杂物的一个方向是采用与熔融钢水接触中 Al_2O_3 含量少的耐火材料做炉衬。在 BOF 转炉、RH 真空脱气和连铸过程中所用的耐火材料均应考虑这一问题。如图 1-4、图 1-5 看到的，通过改变炉衬材料，可以显著降低钢中的 Al_2O_3 夹杂物含量。

　　II 类夹杂物是在成品钢材中发现的夹杂物，它常常被硅酸盐所包围。这些夹

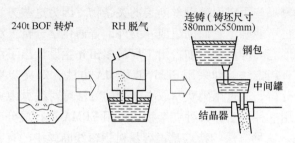

图1-4　用于钢帘线的钢的生产工艺

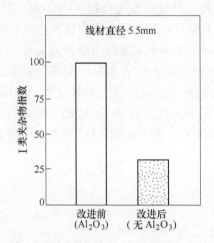

图1-5　耐火材料对Ⅰ类夹杂物指数的影响

杂物来源于BOF、连铸和方坯的生产过程。

1.1.1.3　减少中心偏析的对策

在连铸钢的质量中，偏析是一个主要问题。尤其在用于生产钢帘线的高碳钢中更为典型。日本神户制钢采用连铸机生产的大方坯，在减少低倍缺陷——中心偏析上有很大改进，它们的主要措施是采用了联合电磁搅拌技术（Kosmostir Magnerogyr Process）采用这一新工艺生产的连铸坯在成分上有很高的均匀性。采用这一新技术后连铸坯微观偏析水平优于或等于几乎无任何偏析的模铸钢。

1.1.2　质量保证体系

1.1.2.1　夹杂物的评价方法

一般有两种对夹杂物的评价方法。一个是对磨光试样的表面进行微观观察，另一个是在试样被酸溶后，对其中夹杂物进行化学分析。对钢帘线中的夹杂物，普通的分析评价方法是通过金相法观察，如Michelin's或Bekaerts方法。然而这些方法不适应检测那些可以引起钢丝断裂的夹杂物，因为这些方法不能验明夹杂物的三维形状，也不能确定它们的组成。另外，普通化学分析方法也不能决定其组成及夹杂物的形态。神户制钢加古川工厂的多田先生设计出了可以确定夹杂物组成和形态的一种新方法，即采用 SEM 和 EPMA 方法，对夹杂物进行成分和形态的定性和定量分析。通过用硝酸萃取夹杂物的方法可对线材中夹杂物进行定性和定量检验。采用这种方法，每种夹杂物均可用 EPMA 进行成分分析，然后再用 SEM 决定其形态。这种方法的特点是很容易对钢帘线断丝中的有害夹杂物进行验证评定。

Ⅱ类夹杂物的晶体是一种复杂的夹杂物（CaO-SiO₂-Al₂O₃-MgO-MnO），分析认为：这种Ⅱ类夹杂物有来自内部的夹杂物如脱氧产物，也有来自外部的夹杂物如合金、渣和耐火砖。减少内部夹杂物的措施一方面是在 BOF 中控制吹氧操作、合金脱氧和 RH 脱气中的脱氧；另一方面对外来的夹杂物，主要是应选择合适的脱氧剂，防止 BOF 渣对钢水的污染，改变炉衬材质，采用含 Al₂O₃ 少的耐火砖。这样可使复合夹杂物的化学组成仅仅是 CaO-SiO₂ 和钙长石（CaO-Al₂O₃-2SiO₂），同时含有少量的 MgO 和 MnO。图 1-6 和图 1-7 展示采取措施后，Ⅱ类夹杂物的减少情况。

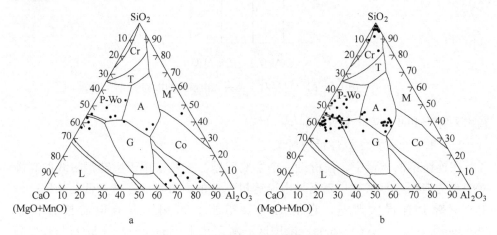

图 1-6　钢帘线中夹杂物的化学组成

a—改进前；b—改进后

Cr—方英石 SiO₂；T—磷石英；P-Wo—假硅灰石；A—钙斜长石；
M—莫来石；G—钙黄长石（7CaO-SiO₂-Al₂O₃）；Co—刚玉；L—石灰

另外需要指出的是：上述确立的精炼技术，例如选择合适的耐火材料和对钢水脱氧的控制及其他改进，均是建立在采用连铸工艺基础之上的，包括最佳中间罐尺寸和容积的选择、采用气体保护浇铸、合理熔池深度、挡渣墙结构以及挡渣墙孔口的形状等。

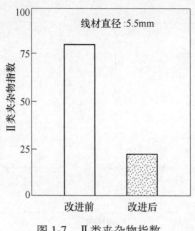

图 1-7　Ⅱ类夹杂物指数

表 1-1 显示夹杂物组成与减少夹杂物对策之间的关系及对策对减少夹杂物的作用。

表 1-1　引起钢丝破断的夹杂物来源与减少方法

固有夹杂物来源	减少方法
脱氧产物	控制吹氧
二次氧化产物	控制脱氧
生铁中的夹杂物	控制好真空脱气； 改进中间包的挡渣墙和熔池深度； 在连铸中采用惰性气体保护
外来夹杂物来源	减少方法
渣	防止渣混入钢液中
耐火材料	改进耐火材料
合金中的夹杂物	改进中间包的熔池深度和挡渣墙结构； 在结晶器处采用电磁搅拌

ϕ5.5mm 线材的偏析水平如图 1-8 所示。线材中的夹杂物检验方法如图 1-9 所示。

图 1-10 进一步显示出夹杂物指数与钢丝（在拧股中）破损频率的关系。用这一方法可以预测捻股中每一炉罐号钢丝破损频率，从而可有效控制钢丝制造过程。

1.1.2.2　偏析的评价方法

采用 foffer 试剂对试样表面进行侵蚀后，观察试样表面低倍结构情况，对照低倍评级图，对试样的偏析度进行鉴别。

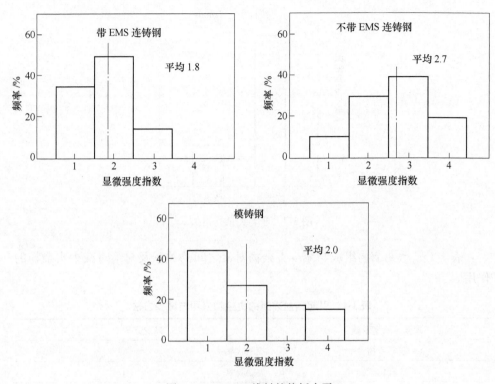

图 1-8 ϕ5.5mm 线材的偏析水平

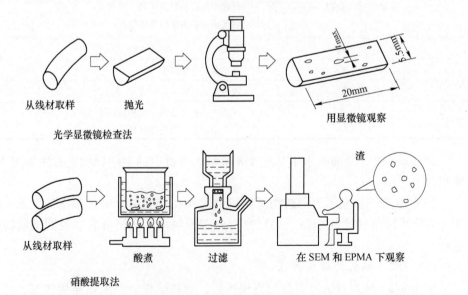

图 1-9 线材中的夹杂物检验方法

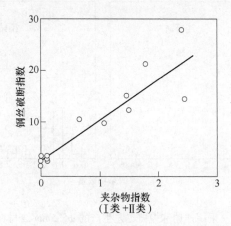

图 1-10　在拧股中钢丝的破断与其夹杂物指数的关系

1.1.3　质量水平

图 1-11 和图 1-12 显示了用连铸工艺生产线材的质量水平，可以看出采用连铸工艺比模铸工艺生产的线材夹杂物含量大大减少，偏析程度等于或好于模铸。因此，使用连铸工艺生产的钢丝在钢帘线加工过程中断丝的频率比模铸减少20%，如图 1-13 所示。这有利于提高钢帘线生产水平。

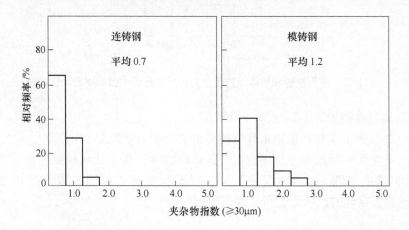

图 1-11　采用连铸和模铸工艺生产的 φ5.5mm 线材的夹杂物指数比较（≥30μm）

1.1.4　开发钢帘线用高强钢

如前所述，新的纯净钢制造技术与新的质量评价方法的结合，使日本神户制钢开发了一种钢帘线用钢的新品种，它比常用的钢帘线钢的抗张强度提高 10%～

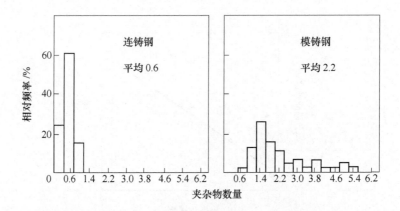

图 1-12 采用连铸和模铸工艺生产的 φ5.5mm 线材在光学
显微镜下观察到的夹杂物（≥5μm）数量比较

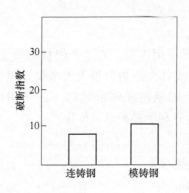

图 1-13 采用连铸和模铸工艺生产的钢丝在捻股中破断指数的比较

20%。其典型性能如表 1-2～表 1-4 所示。

表 1-2 显示了这种新型钢帘线钢的化学成分和力学性能。

表 1-3 显示了用这种新型钢种生产钢丝的力学性能，其钢丝强度比普通钢种
（KSC70）要高 12%～16%。而伸长率、断面收缩率、扭转次数几乎不变。其
0.25mm 直径钢丝的抗张强度可达到 3200MPa。

表 1-2　采用 KSC82 与 KSC70 钢种试样的化学成分和力学性能

项目	化学成分/%					R_m/MPa	R_{eL}/MPa	A/%	Z/%
	C	Si	Mn	P	S				
KSC82	0.82	0.19	0.53	0.018	0.004	1180	790	6.5	47
KSC70	0.70	0.20	0.55	0.015	0.005	1080	700	7.5	47

表 1-3　钢丝的力学性能

钢丝直径/mm	钢种	R_{m}/MPa	R_{eL}/MPa	A/%	Z/%	扭转次数
0.38	KSC82	3050	2750	2.5	52	43
	KSC70	2700	2450	2.7	55	45
0.25	KSC82	3250	2910	2.5	51	41
	KSC70	2800	2520	2.6	53	43

表 1-4　钢丝的疲劳性能（钢丝直径为 ϕ0.25mm）

钢种	在三点疲劳试验机上反复弯曲到断裂的次数	
	在受力 1600MPa 下	在受力 900MPa 下
KSC82	7.8×10^4	3.2×10^4
KSC70	6.5×10^4	2.6×10^4

表 1-4 显示了实验到断裂时循环次数下的疲劳强度。新钢种的疲劳实验是在一个三辊疲劳试验机上进行的，实验钢比普通钢疲劳强度增加 20%（在相同载荷下）。

基于上述实验结果，在相同生产工艺条件下，用新型钢种制造的钢丝抗拉强度比普通钢丝提高 10%～20%。

1.1.5　结论

日本神户制钢开发的采用连铸工艺和可靠的质量保证体系生产的线材可以比采用模铸工艺生产的线材质量更高。这主要归功于新开发的减少夹杂物的精炼技术和在连铸过程中减少偏析的电磁搅拌技术，其次是开发了强度更高、纯净度更好的新钢种——KSC82。

1.2　用于高抗破断钢丝生产的线材（82B）的研制

钢帘线主要用来做橡胶制品的纵向加强筋，由于它具有优良的弹性和强度，现已代替了尼龙或 Polyescer 织品，其不足是增加橡胶制品的重量。最近，轮胎制造业强烈要求减小轮胎重量，而减小轮胎重量的主要措施是减少轮胎中钢丝用量或采用高抗破断强度的钢帘线。

为满足轮胎制造业减小轮胎重量的要求，各国都在研制开发具有高抗破断强度的钢帘线，其抗破断强度要比碳含量为 0.72% 的老钢种提高了 10%～20%。通过实验筛选，发现碳含量为 0.82% 的高碳钢能满足上述要求。但随之而来的是因高强度，造成其比普通强度钢丝破断几率高，使钢丝生产的效率下降和收得率降低。本节通过对碳含量为 0.82% 新钢种破断机理的研究，在实验中观察到在钢丝破断表面存在不变形的夹杂物及少量偏析，如何减少钢中不变形的夹杂物和偏析就成了解决问题的关键。为此，必须通过改进炼钢工艺把这些缺陷控制在最低程度，同时还要建立从炼钢到轧钢、拔丝全工序的严格质量管理制度。

本节就钢的化学成分对线材抗张强度、疲劳强度和韧性的影响等问题，结合开发碳含量为 0.82% 的新钢种一起进行研讨，同样还将就不变形夹杂物与偏析对引起高强度钢丝破断的问题一起讨论。

1.2.1　具有高抗破断强度线材新钢种的制缆和拔丝特性

采用 0.72% 碳含量的碳钢生产钢帘线已经很普及了，其生产工艺见图 1-14。但有时在进行拉拔和拧股中会发生断丝。为把断丝率控制在最小，保持钢丝的柔韧性是很重要的，因为钢丝在轮胎中要承受几种冲击载荷和交变应力作用，每一根钢丝必须有高的韧性和疲劳强度。我们的目标是开发一种线材，它应具有优异的制缆和拔丝特性，这包括：

（1）在不大改变轧钢工艺的条件下，使钢丝的抗破断强度提高 10%~20%。

（2）为在钢丝的扭转实验中获得尽可能高的抗扭值，要减少在拉伸断口的的面积 40%。

（3）具有优良的抗疲劳性能。

（4）减少拔丝和捻股中的断丝，以保持钢丝生产过程的稳定。

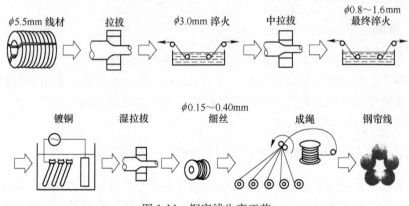

图 1-14　钢帘线生产工艺

1.2.2　新钢种化学成分的筛选

1.2.2.1　材料实验和实验方法

开发新钢种，主要就是研究钢中夹杂物、偏析对钢丝性能的影响，如何改进炼钢工艺把钢中夹杂物和偏析控制在最小，表 1-5 显示了实验所选用钢种的化学成分。为了把钢的夹杂物和偏析控制在最低程度，实验钢是采用真空冶炼，并浇

表 1-5 实验用钢的化学成分   （%）

钢量	C	Si	Mn	P	S	Cr	V	O
钢 A	0.70	0.18	0.54	0.017	0.005	0.03	痕迹	0.0018
钢 B	0.81	0.21	0.49	0.018	0.006	0.02	痕迹	0.0016
钢 C	0.91	0.19	0.49	0.009	0.008	0.01	痕迹	0.0014
钢 D	0.84	0.28	0.30	0.009	0.007	0.04	痕迹	0.0021
钢 E	0.82	0.21	0.70	0.009	0.008	0.04	痕迹	0.0018
钢 F	0.81	0.20	0.51	0.002	0.004	0.24	痕迹	0.0015
钢 G	0.81	0.18	0.53	0.003	0.001	0.02	0.25	0.0020

铸成 90kg 小锭，然后把实验钢轧制和拉拔成细丝，所用工艺同图 1-14。

最初的实验是选择最佳的工艺条件，经实验发现奥氏体化和铅淬火温度对本钢种线材的断面收缩率是有影响的。铅淬火温度对钢丝的断面收缩率也有影响。对普碳钢而言，测得其铅淬火温度和奥氏体化温度分别为 565℃ 和 900℃。在这样的条件下，可以获得最佳的减面率。

对微合金钢，具有珠光体结构的钢丝其最大抗张强度接近于具有相同碳含量的碳钢。通过控制其铅淬火温度可以使钢丝的抗张强度与普碳钢相同。

钢丝制造中的湿拉拔工艺参数：每孔的平均减面率、拉拔速度和锥膜角度分别是 1.5%、530m/min 和 12°。

钢丝的抗张强度是通过在湿拉拔过程中总的减面率来决定的。正常情况下，采用我们的技术，可以预测不同直径的线材在拉拔到 0.25mm 时的抗张强度。有关抗张实验、扭转实验和疲劳实验是在 Hunter 型疲劳实验机上进行的，这些实验有助于估算钢丝的力学性能。

1.2.2.2 实验结果

首先研究了在湿拉拔过程中，钢丝的抗张强度与总应变之间的关系。图 1-15 ~ 图 1-17 显示了 C、Mn、Cr 和 V 元素对钢丝抗张强度与总应变的影响。如图 1-15 所示，在本钢种中碳含量越高，其抗张强度也越高。同样，在拉拔中加工硬化率也越高。统计分析表明，每增加 0.1% 的碳含量，钢丝的抗张强度增加大约 250MPa。

图 1-16 所示为含 Cr 0.24% 的钢丝在湿拉拔中的加工硬化情况，含 Cr 0.24% 的钢丝的硬化率要高于基体钢。

图 1-17 显示加 V 和 Mn 对钢的加工硬化率无影响。

综上所述，可以看出所选钢种的含 C、Cr 量越高，其拉拔后钢丝的抗张强度也越高（在湿拉拔中保持其应变为常数的条件下对比）。

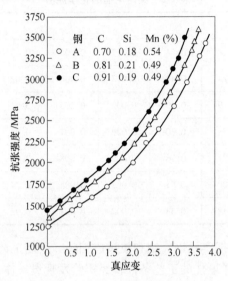

图 1-15　在湿拉拔中碳含量为 0.70%、0.81%、0.91%碳钢的加工硬化曲线

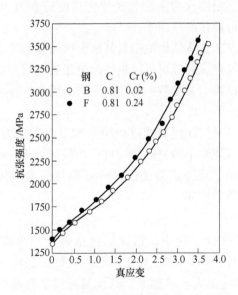

图 1-16　在湿拉拔中含铬钢的加工硬化曲线

图 1-18 所示为钢中 C、Mn、Cr、V 含量对减面率的影响。减面率是拉拔钢丝抗张强度的函数，随其抗张强度的提高，一直到其强度达到 3500MPa 后，钢丝的减面率逐步减小，有时也会出现明显低的减面率。实际上影响钢丝减面率的主要缺陷，如夹杂或在断口表面的微裂纹是检测不出来的。在其抗张强度大于

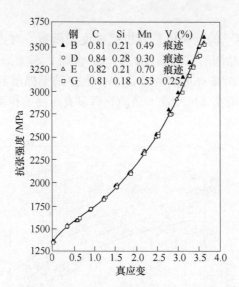

图 1-17　钢中添加锰和钒对钢丝在湿拉拔中加工硬化率的影响

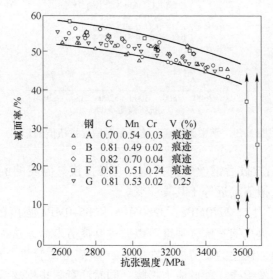

图 1-18　钢中碳、锰、铬和钒的含量对钢丝拉拔减面率的影响

3500MPa 以后，钢丝的减面率显著下降。因此，一般对用于制造钢缆钢丝的高碳钢钢丝 σ_b 以不大于 3500MPa 为好。这告诉人们减面率不仅取决于钢的成分（在具有相同钢丝强度的条件下），而且也取决于钢丝拉拔时的加工硬化率，而和钢丝的抗张强度无关。

　　Mr. Murakami 的报告指出：通过对钢丝扭转值与拧股中钢丝的破损关系的研究发现，具有低抗扭值的钢丝其破断几率更高。因此，我们对具有高抗扭值钢的化学成分进行了调查。

　　图 1-19 显示出钢丝的抗扭值是其抗张强度的函数。对比减面率、抗扭值与化学成分变化，具有相同的抗张强度的钢丝，含碳 0.82% 的碳钢和含 Cr 钢显示出比含碳 0.75% 的碳钢具有更高的减面率。上述结果提示我们：在经过铅淬火后，其加工硬化率和抗张强度增高，故应选择具有更高的抗张强度而其抗扭值不减小的钢丝。

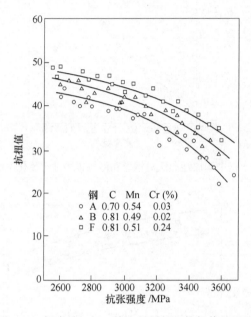

图 1-19　钢中碳、锰、铬含量对钢丝抗扭值的影响

　　图 1-20 显示出拉拔后钢丝的抗扭值，它是拉拔真应变的函数，无论其钢的化学成分如何，抗扭值接近等于其真应变。

　　图 1-21 显示了具有 2970MPa、3280MPa 和 3540MPa 强度的钢丝疲劳曲线。从图中可以看出：提高钢丝抗张强度可以改进其疲劳寿命，这种趋势在低应力振幅下更明显。然而，钢丝的疲劳极限在 Hunter 型疲劳试验机上还不能准确确定，一根很细直径的钢丝承受一种低应力振幅，同时注意防止钢丝承受不准确的弯曲应力，所以，在确定钢丝的疲劳性能时，通常是在相同弯曲应力作用下，让钢丝反复弯曲到断裂。

　　图 1-22 显示了用含碳 0.71% 及 0.82% 的碳钢线材拉拔钢丝时，在经受直到断裂为止的循环周期应力与各种抗张强度的关系。很明显：增加钢丝抗张强度可以改善循环周期。这也告诉我们，循环周期不取决于碳含量，也不取决于为消除应力的退火处理，而决定于钢的成分。由于含 C、Cr 越高的轴承钢，能提供给钢丝更高的抗张强度而不影响其抗扭强度，因此首先应选择具有高抗张强度的钢，

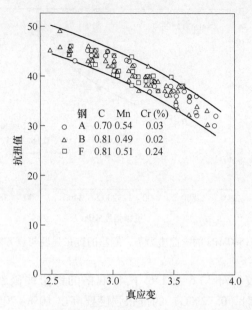

图 1-20　不同碳含量的钢丝其真应变与抗扭值之间的关系

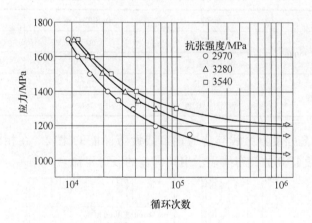

图 1-21　具有 2970MPa、3280MPa 和 3540MPa 钢丝的疲劳曲线

其次是具有很高碳含量的钢，例如碳含量为 0.92% 的碳钢。由于中心偏析（能引起断丝）会形成网状渗碳体，所以对铬钢有一个问题即需要长时间的酸洗，并在铅淬火中需较长的珠光体转变时间，而这将导致钢丝生产效率的降低。选择碳含量为 0.82% 碳钢作为生产高抗破断钢丝用钢是最佳的。

1.2.3　高破断强度钢丝的特点

表 1-6 显示用碳含量为 0.82% 碳钢生产的钢丝与用碳含量为 0.72% 碳钢生产

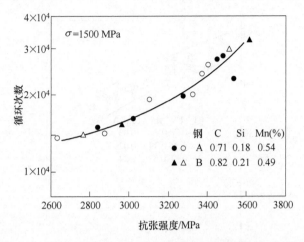

图 1-22　在 1500MPa 的弯曲应力下，钢丝的抗张强度与疲劳寿命的关系

的钢丝力学性能比较。对 3+6 及 1×5 两种规格的钢帘线破断强度是 2200MPa、750MPa。它比普碳钢（0.72%C）的抗张强度要高出 10%~20%。

表 1-6　高强度钢帘线和普通钢帘线力学性能的比较

规格	钢种	0.82%C 钢	0.72%C 钢
3×0.20mm+6×0.38mm	钢丝强度	3040	2650
	钢帘线强度	2200	1930
1×5×2.25mm	钢丝强度	3250	2850
	钢帘线强度	750	660

图 1-23 为高强度钢帘线与普通钢帘线疲劳性能的比较。在相同弯曲应力振幅作用下，强度越高的钢帘线显示出其优良的疲劳寿命。

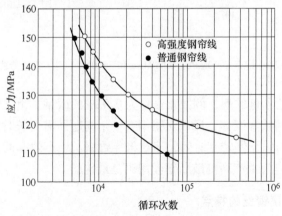

图 1-23　高强度钢帘线与普通钢帘线的疲劳曲线

而其破断强度与其疲劳性能是不同的。对于用在与橡胶黏合的钢帘线，还要考察其外观状态，如钢帘线平直度等也应检验，这些又与线材加工工艺、化学成分、破损强度有关。

1.2.4 高破断强度钢丝生产中钢丝的破断问题

1.2.4.1 钢丝破断的原因

在湿拉拔和捻股过程中，很细的强度很高的钢丝在整个加工过程中要承受剧烈的拉伸和扭转变形，有时会发生破断。为检验钢丝的抗张强度与其在生产过程中破断概率之间的关系，我们选择用大规模炼钢工艺生产的含碳 0.85% 的普通线材作为实验用材料。

图 1-24 显示出钢丝在拉拔过程中的破断几率是其强度的函数，从图中能看出钢丝强度越高，其破断几率越高，这种趋势对强度大于 3300MPa 的钢丝是很明显的。同样，大多数钢丝的断口是一种呈杯状的断口，如图 1-25 所示，在杯状断口的上部是破断的起点，有时可以找到不变形的夹杂，在这些情况下，不变形夹杂是引起钢丝破断的原因之一。

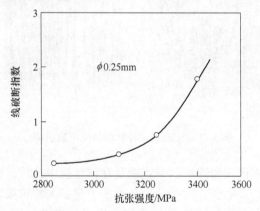

图 1-24　钢帘线在生产中的破断几率与其抗张强度的关系

然而，在很多情况下并没有发现在断口上存在夹杂，为摸清这类破断的原因，对破断试样钢丝的微观组织进行检查。钢丝的破断根据塑性变形程度可分为两种类型。在试样中塑性变形几乎充满整个杯状断口全断面。如图 1-26a 所示，同时能观察到轻微的碳、锰偏析，同样也没有在发生塑性变形的地方发现任何缺陷。从破断表面所观察到的缺陷看，引起钢丝破断的原因可以分为三类：（1）不变形夹杂；（2）偏析；（3）其他（无变形夹杂和无偏析）。

在偏析存在的地方，塑性变形几乎充满整个试件。我们可以推断在湿拉拔过程中会出现山形裂纹。另外，从图 1-26b 中也可以看出，塑性变形的发展在湿拉拔的最后阶段才出现了山形裂纹。

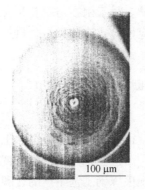

图 1-25　破断钢丝典型的杯状断口

a　　　　　　　　　　　b

图 1-26　破断钢丝杯状断口的显微组织

　　在拉拔过程中减面率考虑不当时，钢丝在拉丝模中拉拔过程也会引起山形裂纹，因为钢丝的中心要承受三向拉应力。为了了解多大的拉拔减面率可以引起钢丝缺陷，我们采用含有不变形夹杂的不纯净钢进行实验，图 1-27 显示出了减面率与夹杂物尺寸之间的关系，其出现破断时的强度为 3010MPa、3240MPa、3350MPa 和 3420MPa。由于夹杂物尺寸增大，其断面减面率明显降低，这种趋势对于强度越高的钢丝越明显。

　　图 1-28 显示拉力实验后拉力断口表面状态。在图 1-28a 中可以看到在断口表面中心，在减面率大于 40%时存在等轴酒窝状变形区，然而，在低于上述值时，大多数的断口表面是杯状断口，并能观察到在杯状断口上部有不变形夹杂（图 1-28b），这些夹杂紧靠钢丝表面。有时也能看到撕裂类破断（图 1-28c），这些破断表面与钢丝生产过程中的破断是相同的。所有这些现象显示在图 1-27 和图1-28 中，它们全支持这种说法：具有相同质量的钢丝，其强度越高出现杯状破断的几率越大。

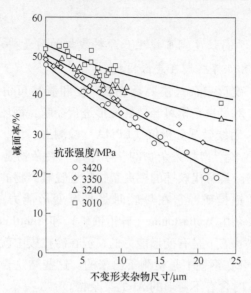

图 1-27　出现在拉伸断口的不变形夹杂物尺寸与强度为 3010MPa、
3240MPa、3350MPa 和 3420MPa 的钢丝减面率的关系

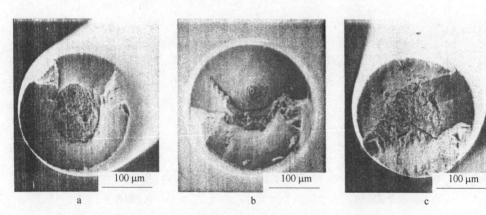

图 1-28　具有不同减面率钢丝的拉伸断口的表面形态
减面率：a—43%，b—36%，c—26%；夹杂物尺寸：a—5.8μm，b—12μm，c—22μm

　　另外，还要考虑钢中的中心偏析对钢丝在加工中产生破断的影响。因为，通常钢中中心偏析的尺寸要大于不变形夹杂的尺寸，因此，偏析对大直径钢线延展性的影响比不变形夹杂的影响程度更大，在粗拉拔和中间拉拔过程中将会引起山形裂纹。这似乎可以解释为什么在没有塑性变形的断口表面能看到偏析。

　　同样，具有良好塑性变形的钢线在强度高和非本工艺生产的情况下，因延展性不足，也会引起破断。所以，在生产碳含量为 0.82% 高强度钢丝时，必须千方百计地将不变形的夹杂和偏析减少到最低程度，同时要改进和严格控制钢丝的生产工艺。

1.2.4.2　对用于高强度钢帘线生产原料线材的质量要求

A　线材中不变形夹杂控制在最低程度

线材中原有的不变形夹杂（主要是脱氧产物和渣）可引起钢丝破断。为了使这些夹杂无害化，对有夹杂钢可经热轧变形进行控制。钢坯中夹杂物的化学成分可用电子探针和 X 射线微观分析仪（EPMA）检测出。

图 1-29 为炼钢脱氧产物和夹杂物的化学组成。夹杂物是 Al-Si-Mn 的氧化物和 Al-Si-Ca 的氧化物。具有代表性的在夹杂物附近脱氧产物的化学组成是我们称之为 Spessartite 的锰铝榴矿，它在热轧时是具有变形能力的。夹杂的化学组成——来源于渣的夹杂由 Wollastonite（硅铅铀矿）和 Anorthite（三斜晶钙长石）组成。这些夹杂在热状态下是有变形能力的，但在冷拉拔中就破断成小碎片。同样，Al 及含 Al 的夹杂在钢坯中是检测不出来的。这些结论告诉我们，用于制造高强钢丝的线材，有时含有不变形的 Al 的夹杂物。

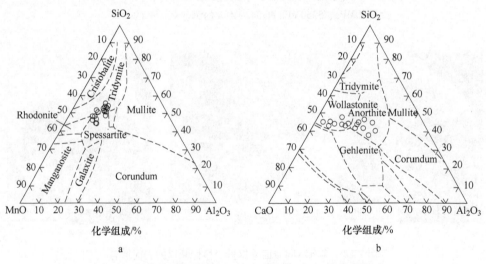

图 1-29　炼钢脱氧产物（a）和夹杂物（b）的化学组成

B　中心偏析减少到最低

采用连铸工艺生产的供高强钢丝使用的线材，要采取如下措施把中心偏析控制在最低程度：

（1）减小中间罐的钢液过热度可以显著减少中心偏析，也就是要使钢水在中间罐温度保持尽可能低。

（2）在结晶器和二冷段安装电磁搅拌，在结晶器安装电磁搅拌能全面减少中心偏析和偏析范围（程度），也能减少沿钢坯中心的 V 形偏析。

（3）保持尽可能低的浇铸速度，也能使中心偏析减小到最低程度。

采用连铸工艺生产的线材偏析水平（与模铸工艺比较，参见图1-8）是通过对线材进行酸腐蚀后进行分类的。采用电磁搅拌的钢线的偏析比模铸工艺要略好些。

在减少不变形夹杂和中心偏析，并改进拉拔工艺和热处理后，可以使高强度钢丝在生产过程中的破断率降低到与普通强度钢丝破断率相同水平。

1.2.5 结论

根据轮胎生产者的要求，要通过减少轮胎用钢量的办法减轻轮胎的重量，这就需要减少钢帘线重量。在研究了高强度钢丝的化学组成、特点和对其性能要求后，通过大量实验，得到如下结论：

（1）含碳0.82%的钢可以供生产强度为3000~3300MPa的钢丝，这种钢丝对抗扭转值的降低，与含碳0.72%的钢相比是相同的。

（2）用含碳0.82%的碳钢制造钢线，其疲劳强度和优良的抗疲劳性可以比含碳0.72%的老钢种提高10%~20%。

（3）随着钢线强度的提高，拉拔生产中断丝的几率也增加，欲减少钢丝的破断，很重要的措施是要减少炼钢所造成的不变形夹杂和偏析。

（4）通过控制夹杂的化学成分、钢液的过热度和使用电磁搅拌，将有害的夹杂和偏析限制在最低程度。

通过这些实验，成功地开发了含碳0.82%的用于高强度钢丝生产的普碳钢，现在这类线材已经大量进行商业生产，并得到轮胎生产者极大的称赞和认可。

1.3 用于生产钢帘线的线材中夹杂物的控制技术

钢帘线是由几股钢丝经拧股制成。所用钢丝的直径为0.15~0.4mm，钢丝的抗张强度在2500~3100MPa。

由于所用钢丝又细强度又高，有时会出现断丝。断丝不仅影响钢帘线质量，而且对整个钢帘线生产和原料收得率也有很大影响，所以用于制造钢帘线的线材质量是钢帘线生产企业关注的主要问题。

为防止钢丝断丝，不仅需要有线材生产的专门技术，而且对线材的质量管理系统也提出了很高的要求。所以，就线材生产企业而言，为用户提供具有最小断丝几率的线材是其技术攻关的重要课题。

首先，重要的是要改进线材制造技术，并探讨对用于钢帘线生产的线材的精密质量评定方法。没有这种方法，就不能供应高质量线材，也无法检测炼钢工艺和钢质的纯净度水平。鉴于上述原因，为了找到在钢帘线制造过程中，因线材质量造成断丝的原因，通过对大量断丝表面断口的研究和对引起断丝缺陷进行鉴定，研究制定了用于钢帘线生产的线材质量科学评定方法。采用这种方法，日本从 1980 年起明显改善了钢帘线生产用线材的质量。其主要措施是采用新型大方坯连铸机，使线材的质量有了很大提高。本节总结了日本就这个课题的研究成果。

1.3.1 在钢帘线生产过程中钢丝的破断

钢帘线生产工艺流程如下：线材（ϕ5.5mm）—粗拉（ϕ3~2.6mm）—铅浴淬火—中拉（ϕ1.6~0.8mm）—铅浴淬火—镀铜—细拉（ϕ0.4~0.15mm）—捻股。

图 1-30 显示了典型的钢帘线结构（7×4×0.175mm）。在钢帘线生产过程中，断丝主要发生在细拉和捻股工序，捻股机可粗略分为管型和束型。当在束型捻股机上进行捻股时，细钢丝要承受比在管型捻股机上更大的应力作用，这也是为何细丝断丝在束型捻股机上比在管型捻股机上更多的原因。这不仅造成钢帘线质量下降，也影响企业生产效率和原料收得率。因此，基于这些原因，在拉丝和捻股工序中的断丝也成为必须解决的一个重要问题。为此，各国都进行了大量的研究工作，一直延续到现在。

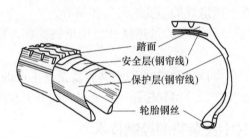

图 1-30 典型的钢帘线结构

可以这样说，大多数的断丝是由于多种原因引起的，这包括捻股中受力情况和钢丝生产技术的不良以及线材内部的缺陷等。

对线材生产企业来讲，首先需要对造成断丝缺陷进行分类，找到影响线材生产质量的因素。一般可将引起断丝的典型缺陷（来自断口的观察）分为 4 类（参见图 1-1）：

（1）不变形的夹杂，主要是氧化铝和铝酸盐。

（2）碳化钨和钴，来源于拉丝模或所用线材轧辊。

（3）山形裂纹，这种缺陷产生在拉拔过程中。

（4）折叠等其他缺陷。

不变形夹杂不是线材生产过程产生的，但它存在于线材上。通过对连铸过程严格控制生产工艺，可以使线材中不变形夹杂降低到最低程度。

1.3.2 因不变形夹杂引起的断丝及一种新的质量评定方法

1.3.2.1 因不变形夹杂引起的断丝

许多钢丝的断口上都存在不变形的夹杂，我们用硝酸溶液对断口试样溶解后，将所获得夹杂物的微粒放到扫描电镜（SEM）和电子探针（EPMA）下观察研究，发现这些来自断口的夹杂物形态主要是氧化铝和铝酸盐。在直径为 0.175mm 钢丝断口上观察到的大块氧化铝和铝酸盐尺寸均大于 $50\mu m$。

同时，我们还研究了线材夹杂的残渣，所用方法如图 1-31 所示。

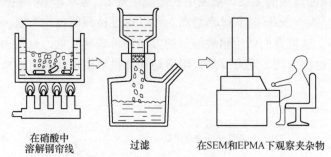

在硝酸中   过滤   在SEM和EPMA下观察夹杂物
溶解钢帘线

图 1-31 有关用硝酸溶解线材试样来评估其夹杂物含量的方法图示

首先从线材上切取一段试样，然后放到硝酸溶液中溶解，通过过滤得到夹杂残渣，将其放到扫描电镜及电子探针上观察研究发现，在残渣中有多种非金属夹杂存在。图 1-32 显示了所观察到的典型夹杂：SiO_2、Al_2O_3 和 $(Mg, Mn)O \cdot Al_2O_3$。应当指出的是，所有这些种类的夹杂，我们在钢丝断口中均发现过。综上研究，可以得到如下结论：

（1）引起在钢丝生产过程中断丝的夹杂主要是大块氧化铝和铝酸盐。

（2）引起直径 0.175mm 钢丝发生断裂的夹杂，其尺寸多在 $50\mu m$ 以上。

（3）在线材生产过程中，这些有害夹杂在线材轧制过程中很难被破碎。

（4）同种类的有害夹杂的化学成分和形态在线材中均可以找到。

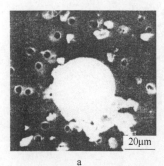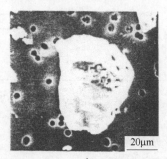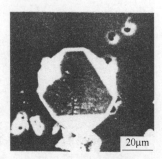

a   b   c

图 1-32 在线材断口上观察到的几种典型的夹杂

a—SiO_2；b—Al_2O_3；c—$(Mg, Mn)O \cdot Al_2O_3$

从这些例子，日本人提出通过计算在线材中有害夹杂的数量来预测钢帘线生产过程中钢丝破断率的设想。

1.3.2.2 新的质量评定方法

图 1-33 显示出有害夹杂与钢丝在捻股过程中断丝之间的关系，从而提出了有关有害夹杂指数的检测方法，即用大于一定尺寸的有害夹杂占线材的重量比来计量。从图中可清楚地看出有害夹杂指数与捻股时断丝有明显关系。

图 1-34 显示出，采用这种新的质量评定方法，检测线材中夹杂的最大厚度值 t_{max} 与捻股中断丝率的关系。从图中我们能发现 t_{max} 与断丝率有一种明显的相关关系，即当 t_{max} 大于 $5\mu m$ 时断丝率增高。可以通过检测线材中有害夹杂指数，准确预测断丝率。这里我们所用硝酸溶解的方法评价线材质量，也是用这种方法检测夹杂，有了这种方法，则可以最大限度地保证供给钢帘线客户的线材质量的稳定性。

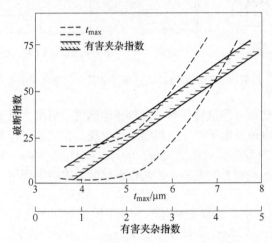

图 1-33 有害夹杂指数与在捻股中钢丝破断的关系

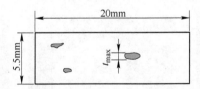

图 1-34 采用光学显微镜检测非金属夹杂的方法

用光学显微镜检验非金属夹杂的方法：

检验的视场尺寸：$5.5mm×20mm$；

放大倍数：400；

检测物：除 MnS 外所有种类夹杂物；

有关 t_{max} 的计算方法：

$$t_{max} = 每个试样最大夹杂物的厚度之和/试样的数量$$

1.3.3 引起断丝的夹杂物的控制

1.3.3.1 引起断丝的夹杂来源和改进炼钢工艺对策

图 1-35 显示了用于钢帘线的线材生产过程。根据夹杂的组成和形态，我们认为固有夹杂来源主要有以下几个方面：（1）脱氧产物；（2）渣；（3）耐火材料；（4）其他。对此，我们必须采取如下措施，使酸性夹杂数量控制在最低程度：

（1）钢液中的氧含量必须控制，这是为了控制脱氧产物的数量。基于这个原因，要严格控制转炉吹氧过程和在 RH 中的脱气过程。

（2）对于来自渣中的夹杂，主要是要防止转炉出钢时炉渣进入钢水中。

（3）对来自耐火材料的夹杂，则要通过改进钢包精炼过程所用的耐火材料性能来解决。

（4）对已混入钢液中的夹杂，要通过改进中间罐熔池深度和挡渣墙的角度，并使用结晶器电磁搅拌，使渣与钢液能充分分离来解决。

采取上述措施后，引起断丝夹杂的数量明显减少了，这也可以从图 1-36 中看出。

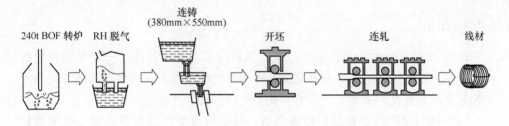

图 1-35 用于钢帘线生产的线材生产过程

1.3.3.2 通过采用连铸工艺改进线材生产

在加古川厂对两种工艺所形成的有害夹杂指数进行了对比（参见图1-11），可以看出连铸比模铸的有害夹杂指数平均值和变化率均小。

对经抛光试样，用光学显微镜观察发现的夹杂物数量，两种工艺对比（参见图1-12），连铸比模铸夹杂物数量要少得多。

通过采用连铸坯生产的线材，再用于制造钢帘线，其断丝率会大大降低。

表 1-7 展示了两种工艺生产的线材，在经拉拔和捻股过程中断丝率和生产率的关系。

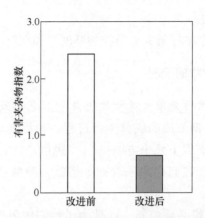

图 1-36　改进连铸坯质量前后的有害夹杂物指数变化

表 1-7　两种工艺生产的线材拉拔和捻股过程中破断和生产率的关系

铸造方法	在细拉拔过程中的破断指数	在捻股过程中的破断指数	在捻股过程中的生产率指数
连铸	2	8	120
模铸	4	11	100

从表 1-7 中看出，用连铸工艺生产的线材在拉丝和捻股过程中断丝比模铸要少。捻股生产效率也比模铸法高。连铸钢的质量是优于模铸钢的。

1.3.4　结论

自从 1980 年日本采用连铸工艺生产线材以来，加上采用了一种新的评价线材质量的方法，使在钢丝拉拔和捻股过程中断丝率和因不变形夹杂所造成的断丝率控制在最低程度。基于上述研究，我们可以得出下述结论：

（1）线材生产技术和线材性能两者，对钢帘线生产过程中断丝率有重大影响。不变形夹杂是引起钢丝断丝的主要因素，这一问题至今仍是各国所关注的问题。

（2）不变形夹杂主要是氧化铝和铝酸盐。在冷加工中，它们是引起断丝的主要因素。

（3）通过对炼钢（BOF）到连铸工艺上采取措施，可以让这些夹杂降到最低程度。

（4）通过建立测定线材中有害夹杂数量的方法，可以准确评价出用于钢帘线生产的线材性能。

通过大量研究，日本改进了用于钢帘线的线材生产，有代表性的线材碳含量是 0.70%~0.82%，这些线材钢种受到世界各国用户的欢迎。

1.4 神户制钢在生产纯净棒线材中所采取的措施

1.4.1 对破断钢丝的检验

1.4.1.1 用于制造钢帘线的钢丝

用于制造钢帘线的钢丝是由 $\phi5.5mm$（$\phi5mm$）线材经拉伸而成的。制钢帘线用钢丝直径从 $\phi0.15\sim0.38mm$，其抗张强度可达到 3300MPa，随着强度提高，加工中断丝率也在提高，见图 1-37。

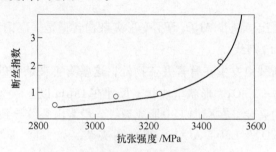

图 1-37 抗张强度与断丝指数的关系

同时又发现这些钢丝的疲劳强度与抗张强度也有一定的关系，如图 1-38 所示。

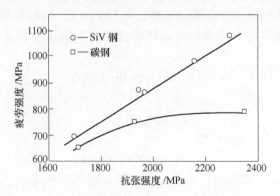

图 1-38 疲劳强度与抗张强度的关系

从图 1-38 可以看出：随着抗张强度提高，其疲劳强度也提高；SiV 钢疲劳强度较高，碳钢较低。

欲提高钢丝寿命减轻重量，钢丝必须高强度，因为随着强度提高其疲劳寿命也增强。

1.4.1.2 钢帘线钢丝断丝的原因

通过检验钢缆断丝断口，发现钢丝断口多起源于钢丝断面内的夹杂物，主要

是 Al_2O_3、$(MgO，MnO)·Al_2O_3$、Ti 系夹杂物。引起断裂的夹杂物尺寸在 $10\mu m$ 以上。对钢坯检验发现，夹杂物呈块状，其组成为：

CaO	Al_2O_3	SiO_2	MnO	MgO	夹杂物	状态
0	69.7%	0	11.6%	18.7%	$>10\mu m$	块状
19.2%	18.5%	49.3%	8.2%	4.5%	$<10\mu m$	线状

这些块状夹杂物残留在线材中，是造成拔丝断裂的主要原因。而在线材中夹杂物（主要是 Al_2O_3 等不变形夹杂）含量少，而且尺寸也小的，对钢丝加工无影响。

从以上可以看出，减少 Al_2O_3 等不变形夹杂物含量是提高钢帘线质量的关键。

1.4.1.3　阀门钢线

阀门钢疲劳断裂也发生在有害夹杂物处，这些有害夹杂物的组成是：Al_2O_3、SiO_2、$CaO·Al_2O_3·2SiO_2$。形状呈块状，尺寸在 $15\mu m$ 以上。这些夹杂物是在热轧中不发生形变的夹杂，在冷加工中形成裂纹，最终由裂纹导致疲劳破坏，这些疲劳源处常存在 SiO_2 及 $CaO·Al_2O_3·2SiO_2$ 等夹杂。

1.4.2　夹杂物与其加工性能的研究

1.4.2.1　夹杂物的变形性能

日本学者音谷登教授及神钢芦田博士认为夹杂物为一个椭圆状，长轴平行于轧制方向，设长轴长度为 b，短轴长度为 a，$b/a=\lambda$，钢材断面从 F_0 减少到 F_1，γ 为变形指数，则可用下式表示夹杂物的延伸与钢基体延伸之比。夹杂物的延伸为：

$$l_i = 2/3\ln\lambda = 2/3\ln（b/a）$$

钢基体为：

$$l_s = \ln F_0/F_1 = \ln h$$

设 $h=F_0/F_1$ 为变形比，则有：

$$\gamma = l_i/l_s = 2/3（\ln\lambda/\ln h）$$

当 $\gamma=0$ 时，则表明在钢加工时夹杂物不变形。当 $\gamma=1$ 时，则表明钢加工时夹杂物变形与钢基体相同。图 1-39 为各种夹杂物变形能力。

（1）钙铝酸盐、稀土氧化物夹杂 Te 和 Mn 硅酸盐、$MnO·Al_2O_3$ 尖晶石等实际上是不变形的，其变形指数 $\gamma=0$。

（2）由于这些不变形夹杂物的存在，在加工过程中就会在钢基体与夹杂物之间形成锥形空隙（即微洞）或裂纹，在大的压缩比下，这些夹杂物随加工而被破碎成串状夹杂存在于钢的成品中。

1.4.2.2　夹杂物的形态与加工

按日本标准 JIS 夹杂物形态分为 A、B、C 三类，A 为细线类，B 为带状，C

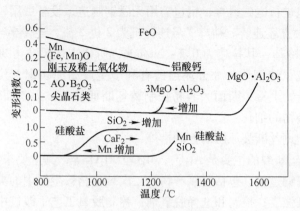

图 1-39 夹杂物变形能力

为球状。以钢帘线为例（从 $\phi5.5mm \rightarrow \phi0.25mm$），加工过程中夹杂物形态变化如下：

夹杂物	m/n	浇铸时	坯	线材	钢丝
$mCaO \cdot nSiO_2$	2	C	C	C	A
硅酸盐	3	C	C	A	
	$n=0$		B	细线	

从上可以看出，随着冷加工的进行，原来存在的块球状夹杂物逐步被加工成细长状夹杂物。

1.4.2.3 高碳钢的冷加工性能与脱氧剂

实验室发现，采用常规脱氧与采用硅钙脱氧所生产的线材钢丝断裂比例为 1:0.3。选择脱氧剂很重要，通常采用 CaSi、CaSiBa、CaSiRe、CaSiMg、CaSiAl 等效果很好。控制好冶炼中钢水的碱度，当 $CaO/SiO_2 = 1$ 时，钢中酸溶 Al 量与渣中 Al 量均少，当渣中 Al_2O_3 浓度大时，则夹杂物中的 Al_2O_3 浓度也会增加，即钢液中 Al 的浓度与夹杂物中 Al_2O_3 的浓度具有正比关系。试验发现，当夹杂物中 Al_2O_3 的浓度在 20% 时，钢中不变形夹杂物个数最少。

1.4.3 神钢生产高纯净度钢线在工艺设备上采取的具体措施

1.4.3.1 冶炼方面的具体措施

（1）采用 H 炉技术是神钢的一项专利技术，它用来对铁水进行预处理，即脱 P、脱 S。其主要原理是在转炉的基础上增加一个副枪，通过副枪向铁水中喷射合金和溶剂，对铁水进行处理。

（2）采用 ASEA-SKF 法对钢水进行精炼。ASEA-SKF 法是在钢包中对钢水进行真空脱气、加热、搅拌、吹氧脱 C 脱 S。其优点是适用于冶炼各种钢，提高产量。由于对钢包进行电磁搅拌，钢包需用无磁钢制造，设备费用较高。

（3）采用大方坯连铸。神户3号连铸机为2机2流，连铸半径10m，二冷区4段，采用雾化冷却，其拉速为 $0.7 \sim 1m/min$，所铸方坯尺寸为 $300mm \times 430mm$。为何采用大方坯，神钢认为大方坯连铸有利于生产高纯净钢，其铸速比小方坯低，有利于夹杂物上浮，断面大容易控制铸坯断面缺陷，大断面使坯/材压缩比大，有利于夹杂物的细化。

（4）对引起钢丝断裂原因的控制措施：

1）引起钢丝断裂的主要是 Al_2O_3、$MgO \cdot Al_2O_3$ 等，其主要来源于两个方面：一方面来自于炼钢过程，包括脱氧产物；二次氧化物；生铁中的夹杂物。控制措施包括控制吹氧强度；控制和选择脱氧剂；控制脱氧工艺；改进中间罐尺寸；结晶器上电磁搅拌（L+M+S）；在连铸过程中对钢包与中间罐、中间罐与结晶器之间水口采用吹 Ar 保护；液心轧制。另一方面来自外部，包括渣中夹杂返回钢水；耐火材料（炉衬、钢包内衬）；铁合金中夹杂。控制措施包括防止渣中夹杂返回钢水；改进耐火材料（$Al_2O_3 + 3C = 2Al + 3CO$），尤其是中间罐以采用碱性炉衬为好（MgO），这样可以减少钢水与酸性炉衬（SiO_2）反应；改进中间罐尺寸和挡渣墙高度；结晶器上电磁搅拌。

2）减少连铸坯表面缺陷。铸坯表面缺陷主要为针孔、纵裂、横裂。控制措施包括结晶器采用高频率小振幅振动，使振痕深度减小；采用低黏度保护渣；严格控制结晶器内液面高度，其波动控制在 $\pm 1 \sim 2mm$ 之内；选择合适的铸速；控制好二冷区冷却强度；控制铸坯拉矫温度。

1.4.3.2　钢坯检查与修磨

凡作为生产棒线用钢坯经连轧机轧成 $155mm \times 155mm$ （或 $195mm \times 195mm$），这些钢坯被送到钢坯检查与修磨厂，在厂内设有全自动钢坯检查和修磨作业线，这条作业线处理钢坯能力为 6.5 万吨/月（以 $155mm \times 155mm$ 为例），可检查和修磨的钢坯钢种为碳钢及低碳钢，钢坯规格为 $118mm \times 118mm$、$155mm \times 155mm$，长度 $8 \sim 12.5m$，钢坯弯曲度在 $70mm/12m$ 可接受。其工艺为：钢坯—磁粉自动探伤及标记—超声波自动探伤及标记—钢坯表面缺陷修磨—再次探伤—出厂。

钢坯表面缺陷修磨装置是神钢自己开发成功的，它可以自动对钢坯有缺陷处进行修磨，可以同时修磨两面或四面，切削深度为 $1 \sim 3mm$，探伤速度为 $10 \sim 30mm/min$，对 $0.3mm \times 20mm$ 的缺陷可 100% 查出，对 $0.2mm \times 20mm$ 的缺陷可 90% 查出。处理（修磨）速度 $1.5 \sim 4 \sim 6m/min$。修磨刀具是一种硬质合金做成的，其硬度为 HR 90.7，这条作业线全部实现自动检查、修磨。

1.4.3.3　关于短流程工艺

作者曾在加拿大的短流程钢铁公司工作，这里简略介绍一下这个短流程生产高纯净钢（坯）材的有关情况。

　　该厂原来是高炉—平炉—模铸—初轧—大型工艺,生产重轨、型钢,后在1990年进行改造,淘汰了原有焦炉、高炉、平炉、初轧和大型轧机,采用短流程冶炼工艺+万能法轧制工艺,形成了一条由电炉、LF炉、VD炉、大方坯连铸、万能轧制组成的先进生产线。设计能力:炼钢60万吨/年,轧材能力52万吨/年。其工艺特点为:

　　(1)以废钢为原料,也可投入DRI及HBI。

　　(2)有一座150t高功率交流电炉,采用偏心炉底无渣出钢,留渣操作,冶炼时间为90min/炉。

　　(3)钢水在LF炉中进行精炼,对钢水调温、调整成分(喂丝、吹氩),VD罐式脱气,采用5级蒸气喷射泵对钢水脱气,真空度小于133.322Pa,同时可对钢水调温和喂丝,经真空处理后,钢水中[H]≤1.5×10^{-4}%、[O]≤30×10^{-4}%、[N]≤50×10^{-4}%。

　　(4)大方坯连铸机为一台3机3流连铸机,大方坯尺寸200mm×200mm~340mm×430mm,小时能力83t。结晶器是直立式,通过在钢包车上的传感器,控制中间罐液面高度,借助Co-60控制液面高度。在整个浇铸过程中采用保护浇铸,即钢包与中间罐采用长水口,在中间罐与结晶器之间采用浸入式水口,在水口内通入Ar气搅拌,防止水口堵塞及钢液二次氧化。在二冷区,采用气雾冷却,冷却强度由计算机控制。

　　生产纯净钢主要措施如下:

　　(1)减少成分偏析(C、Mn、S)。严格控制中间罐温度,一般在液相线±10℃为好,控制注速,控制好中间罐和结晶器钢水液面高度,使其波动控制在1~3mm之内,控制二冷区钢坯冷却强度。

　　(2)减少夹杂物。精选优质废钢,合理配料(HBI、DRI),采用CaSi复合脱氧剂;防止钢液被二次氧化,采用吹Ar、长水口和浸入式水口;改进中间罐挡渣墙高度和中间罐体积等。

1.4.3.4　轧制工艺

　　(1)装炉—加热:

　　1)采用计算机对炉内钢坯进行跟踪,可以做到一个钢坯一个钢种,而不会出现混号。在炉后辊道上对钢坯进行称重、测长。

　　2)加热炉为步进式加热炉,钢坯加热和出钢由计算机控制,钢坯加热温度可保证误差不大于±15℃,脱碳层可控制在0.3mm以下。采用两用烧嘴、重油和转炉煤气加垫。

　　(2)轧制采用全线无扭无张力轧制,轧机全部是平立交替布置。棒材厂:粗轧8架,中轧4架,预精轧4架,KOKOS轧机5架,共21架。线材厂:粗轧(平立)8架,中轧6架,二中轧6架,精轧8架(45°无扭),共28架。

棒材原料：155mm×155mm（2.2t）～195mm×195mm（3.5t），成品 $\phi18$～150mm（棒材），$\phi17$～60mm（盘圆），7.5 万吨/月。线材原料：155mm×155mm（2.2t），成品 $\phi5$～16mm 及 $\phi18$～50mm，轧制速度 100m/s，4.5 万吨/月。

（3）轧制中控制质量措施：

1）采用高压除鳞，压力 15MPa。棒材厂在粗轧前、中轧前、精轧前设除鳞点。

2）表面热相探伤、跟踪、标记，热涡流探伤中间一台，精轧后一台。

3）采用穿水冷却。棒材厂：中轧后设中间水冷，成品水冷设在精轧后，采用浸液式，压力 0.75～1MPa；线材厂：中间水冷设在二中轧后，成品水冷设在精轧后。

4）热轧尺寸自动在线监测，采用岛津产自动测径仪，可测尺寸 $\phi50$～120mm，温度 600～1200℃，其精度±0.03mm，线棒材行走速度 20m/s，安装在中轧后一台。

5）激光打印-计算机在线控制对每根棒材端面打上钢印，从 $\phi20$～120mm 均可，防止混钢种。

6）自动张力控制，包括转速、电流，可以有效防止拉钢，保证尺寸精度。

7）在精轧后、预精轧后均去头尾，保证通条尺寸精度。

（4）神钢经验：

1）要保证成品尺寸精度控制在±0.1mm，就必须保证中轧与精轧尺寸偏差不大于±0.2mm，因为精轧机列消差能力最大为 50%。

2）从中轧开始到预精轧要实现无扭无张力轧制，才能保证轧制断面尺寸偏差小于±0.2mm。

3）精轧机组要保证成品秒流量差不大于 1%，才能保证成品尺寸偏差小于±0.1mm。

4）当精轧速度大于 85m/s 时，轧件温度可达 1100℃以上。因轧件刚性差，造成吐丝机成圈性不好，为此必须在精轧前和精轧道次间设置专门水冷，使精轧后轧件温度小于 950℃。细线（$\phi5.5$mm）经穿水冷却，轧件温度降到 750～850℃才可去吐丝机。粗线（$\phi12$～50mm）经穿水冷却，$\phi12$～38mm 轧件温度降到 750～800℃，$\phi38$mm 以上轧件温度降到 850～950℃才可卷取。

5）750～850℃线材要经过散卷风冷到 350℃，根据不同钢种采用标准或延迟式冷却，然后送到集卷筒处，由挂卷机把钢卷挂到 C 型钩上，这时盘卷在钩式运输机上，空气中自然冷却。

6）在压紧和打捆前要切去头尾段 1～3 圈，并取样用磁粉对表面进行有无裂纹检验。

1.4.3.5　精轧工艺（有关棒材生产）

神钢可以生产 $\phi18$～105mm 的棒材直条，这些棒材精轧后在长 120m 的冷床上冷却，冷床下设有风冷装置，可对有些钢种进行风冷或空冷。这个步进冷床可以保证成品弯曲控制在 2mm/m 以下，在冷却后直条成组输送到切剪机（带凹槽剪），切成所要定尺后，送到（矫直）激光打印机打印和倒棱、分选（定尺、不定尺）、打捆、放标志。

对高技术棒材还要再一次经过超声波和磁感应探伤检查内外质量，有缺陷的挑出，再经人工修磨或报废，合格后再发给用户。

1.4.4　神钢开发非调质钢情况

1.4.4.1　神钢开发非调质钢的设备和工艺条件

（1）棒线材厂加热炉为 6 段式步进炉，加热采用计算机控制，可以保证钢坯全长加热温度精度控制在 ±15℃ 之内。

（2）有全线无扭无张力生产线，轧机全部是高刚度的，这样可以实现精密轧制和低温控制轧制。

（3）配备可以自动控制水量和冷却温度的中间水冷和成品水冷，这些水冷装置能满足成品钢材组织和性能的特殊要求。其关键设备是神钢自己开发的浸渍冷却管。其中，中间水冷管为 2 段水冷，长度 9m，水量 350t/h。成品水冷管末段，长度 30m，水量 1000t/h。

1.4.4.2　利用轧后余热生产非调质钢

非调质钢化学成分（质量分数/%）如下：

钢种	C	Si	Me	Cr	Mo
S45C	0.42~0.48	0.17~0.25	0.7~0.86	0.03~0.18	
SCM435	0.34~0.38	0.18~0.23	0.68~0.79	1.0~1.09	0.16~0.20

冷却条件如下：

钢种	棒材直径/mm	水冷时间/s	冷却开始棒材温度/℃	冷却后棒材温度/℃
S45C	φ25	3	920	305
	φ25	4	830	230
SCM435	φ32	5	915	230
	φ32	6.9	880	210

从淬火后硬度看：对 φ25mm 棒材，冷却时间为 6s，其中心 HV 比普通淬火材高。对 φ32mm 棒材，冷却时间为 10s，其中心 HV 在 500 以上，高于普通淬火材。而 φ32mm 采用油淬火硬度比水淬低，因为油淬表面与内部冷却速度差小。

从组织上看：对 φ25mm 棒材，900℃ 开始冷却，水冷 5s，水量 1000t/h，得到表面是马氏体、中心是奥氏体或珠光体组织。同样对 φ32mm 棒材，从 900℃ 开始冷却，水冷 10s，水量 1000t/h，从表面到中心均得到马氏体组织。

从上看出水淬火可以得到与油淬火相同的组织与性质，称为 DQ 钢，从 σ_s、R 值看，在经过 500~600℃ 回火后，其性能与调质材相同，但其平直度优于油淬火。

总之，利用轧后余热对棒材热处理，可获得表面是马氏体、内部是珠光体或贝氏体组织，这种钢可以直接供给轿车、机械设备作为高强度高韧性零件，比采用油淬火的碳钢或合金钢性质均匀，表面无裂纹，平直度好。

断口检查（SEM & EPMA）发现，造成断丝主要有以下几种原因：

（1）钢中夹杂；

（2）脱氧产物及耐火材料、碳化钨和钴；

（3）人形裂纹；

（4）表面缺陷。

从取到的夹杂样品经探针和扫描电镜分析发现，这些夹杂物组成主要有两种；Al_2O_3 和 $MgO \cdot Al_2O_3$，它们来源于两方面：一方面是脱氧及预脱氧产物，在冶炼过程中脱气，中间罐挡渣及液面高度变化，与有无电磁搅拌和气体保护有关；另一方面是外来夹杂物，主要来自耐火材料及炉渣混入钢液。

综合看造成断丝原因，从冶炼工艺分析，主要起源于钢中不变形的夹杂物以及 C、Mn 成分偏析。

改进方法：

（1）减少夹杂和偏析，控制夹杂物组成，让夹杂物变成可以在热轧过程中发生形变的夹杂物；

（2）控制中间罐钢液温度；

（3）采用电磁搅拌。

2 高纯净度高碳线材生产技术

2.1 高清洁线材生产技术的最新发展

近年来，汽车、金属制品等行业对线材、板材等钢材的纯净度要求越来越高。这是因为线材的深加工条件严格苛刻，只有纯净度高的线材，才能保证其加工性能优良。

如作汽车轮胎补强用钢帘线和作发动机排气阀用线材等，对所用线材的纯净度要求已达到纯净钢的水平，对于这些用途的线材，不仅要减少其钢中有害夹杂物含量，而且还要控制其夹杂物形态，使其无害化。这些要求向传统的钢铁冶炼和轧制技术提出了挑战，采用怎样的技术能满足要求，一直是近十年来各国钢铁行业重点研究的课题。

本节就世界对钢帘线和阀门钢用线材的夹杂物控制技术在理论上的最新发展作一探讨。

2.1.1 高纯净钢金属制品的特点

2.1.1.1 近年来汽车行业对金属制品的新要求

近年来随着汽车工业的技术进步，要求轮胎进一步轻量化，这就必须减少钢帘线用量，同时希望轮胎寿命还要延长。欲满足这两个要求，就必须采用更细更高强度的钢丝制造钢帘线，为此，强度在3300MPa的钢丝已研制成功并投入生产多年。

通常，钢丝随其强度提高而韧性下降，造成钢丝在加工中因强度的提高而断丝，这主要是由于各种缺陷所造成的。钢帘线是用 $\phi 5 \sim 5.5$mm 热轧线材，经拉拔加工成 $\phi 0.14 \sim 0.38$mm 的钢丝后，再经捻股合股后制成的一种细钢绳。图 2-1 显示了因不变形夹杂物所造成钢帘线在拧股时发生断丝的典型断口。作为钢帘线用线材，必须减少不变形夹杂物含量。

图 2-2 显示了超细钢丝发生断丝的频率与钢丝强度的关系，在钢丝强度达到 3300MPa 以上时，其断丝率急剧增加，断线的原因是在钢丝中存在不变形的夹杂物，或钢丝表面存在缺陷，所以欲减少超细钢丝的断丝率，必须以高纯净度的线材为原料。

再如汽车发动机排气阀用钢丝，是采用 SAE9254 钢种的线材，经过冷加工和热处理的一种油淬火钢丝，其强度可达 1950MPa，在制成气阀后还要经过调质

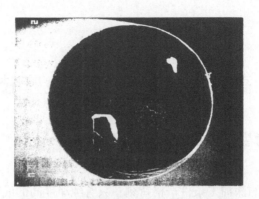

图 2-1　在钢丝拧股时出现的典型断口表面

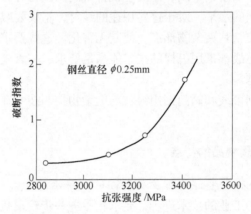

图 2-2　超细钢丝在拧股时发生断丝的频率与钢丝强度的关系

处理才能使用。气阀在汽车的气缸中，通常要承受大约 700MPa 往复剪切应力作用。人们在对气阀经过 10^8 次（百万次）疲劳实验后，发现其疲劳裂纹的起点多存在表面缺陷或不变形夹杂物。气阀的工作条件恶劣，为能提高汽车发动机工作效率和寿命，降低汽车燃料费，常采用具有高疲劳强度的气阀钢。一般提高疲劳强度的方法是采用高强度油淬火钢丝。强度 σ_b 为 2100MPa 级的油淬钢丝也已研制成功并投入使用。

图 2-3 显示出油淬火钢丝的抗张强度 σ_b 与回转疲劳强度之间的关系。当抗张强度 $\sigma_b < 1900$MPa 时，疲劳强度是与其成正比提高的；而当抗张强度 $\sigma_b > 1900$MPa 时，其疲劳强度则呈一定曲线提高。这是因为阀门钢丝中存在不变形夹杂物，在不变形的夹杂物处形成疲劳的裂纹源，随着裂纹不断发展最后导致阀门钢丝因疲劳而破坏。为了提高阀门钢丝的疲劳性能，研制高强钢种，同时减少不变形夹杂物，这些都是非常必要的技术措施。

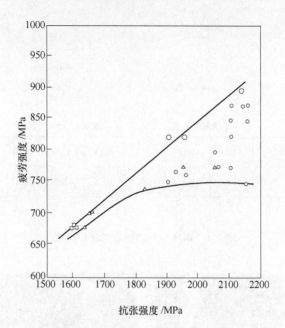

图 2-3　经过喷丸处理后的钢丝疲劳强度与抗张强度的关系

2.1.1.2　钢帘线与阀门钢用线材中的有害夹杂物

A　钢帘线用线材中的有害夹杂物

在钢帘线制造时发生断丝，主要起因于夹杂物，通过对断丝断口的研究发现这些引起断丝的夹杂物的特点是：

（1）组成：Al_2O_3，$(MgO \cdot MnO) \cdot Al_2O_3$，Ti 系夹杂物。

（2）尺寸：在断口上出现的夹杂物尺寸在 10μm 以上。

钢丝中夹杂物形状是在钢帘线制造过程中经热轧和冷拉过程把有害的夹杂物压碎后形成的。为减少钢丝用线材中的不变形夹杂物，最好的办法是控制在热轧过程中夹杂物的组成，采用 Si 镇静钢作为钢帘线用钢，因用 Al 少，所生成的 Al_2O_3 与 $(MgO \cdot MnO) \cdot Al_2O_3$ 这类夹杂物，在热轧过程中其周围被 SiO_2 包围。

图 2-4 表示钢坯中夹杂物的形状和组成。当其为块状时如图 2-4a 所示，这是造成钢丝断线的原因。图 2-4b 显示当钢坯仅含有少量 Al_2O_3 时，夹杂物在热轧状态下对钢坯的延伸无害，因为无论是 MgO、CaO 还是 SiO_2，在热状态下都是有变形能力的，在冷加工中不会引起断丝。

以上结果证明：作为钢帘线用钢，必须减少 Al_2O_3 等不变形夹杂物，这是非常重要的。

B　阀门钢用线材中的有害夹杂物

图 2-5 显示出因疲劳破坏的阀门钢断口裂纹起点处的夹杂物。裂纹源处的有

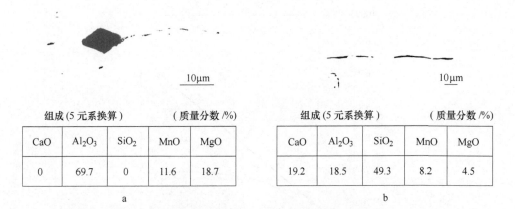

组成(5元系换算)			(质量分数/%)	
CaO	Al₂O₃	SiO₂	MnO	MgO
0	69.7	0	11.6	18.7

a

组成(5元系换算)			(质量分数/%)	
CaO	Al₂O₃	SiO₂	MnO	MgO
19.2	18.5	49.3	8.2	4.5

b

图 2-4   钢坯中夹杂物的形状和组成

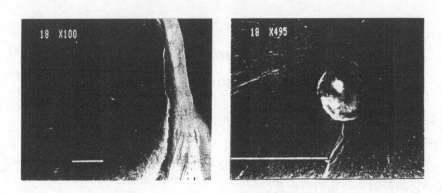

图 2-5   疲劳断口上原始夹杂的形状

害夹杂物特征如下：

（1）组成：Al_2O_3，SiO_2，$CaO \cdot Al_2O_3 \cdot 2SiO_2$。

（2）形状：块状。

（3）尺寸：约 $15\mu m$ 以上。

从夹杂物组成、尺寸上看与钢帘线是相同的。也是由于钢中存有在热轧过程中不变形的有害夹杂物，在阀门的加工过程中，钢丝要承受很高的拉拔应力加工，冷加工中的裂纹与疲劳断口裂纹起点处的夹杂物均为 SiO_2、$CaO \cdot Al_2O_3 \cdot 2SiO_2$。

图 2-6 是阀门钢（SAE9254 钢种）的初轧钢坯中夹杂物的组成与发生疲劳破坏的夹杂物组成的三元状态图。

阀门钢存在有害夹杂物的组成，对于熔点在 1400~1500℃ 以下的 CaO-Al_2O_3-SiO_2 系列夹杂物，在疲劳破坏起点没有发现，因为低熔点夹杂物在热轧中有很好的变形能力。因此，为了防止有害夹杂的出现，必须把钢中的夹杂物中 Al_2O_3 含量控制在 20%~30% 很小的范围内。

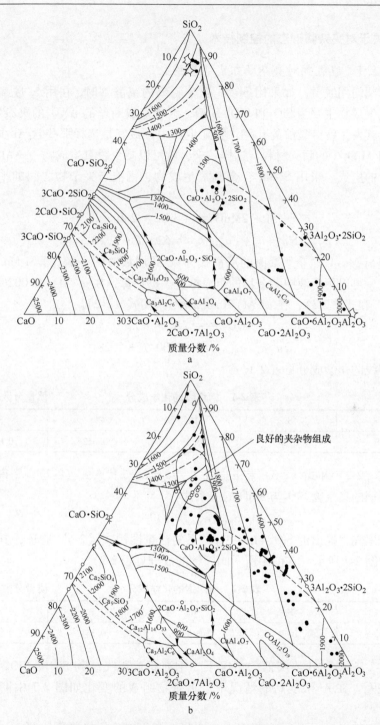

图 2-6 在钢坯中的夹杂物与在疲劳断口处的原始夹杂物的组成比较
a—疲劳断口处夹杂物组成；b—钢坯上观察到夹杂物组成

2.1.2　关于对夹杂物形态的控制技术

2.1.2.1　脱氧剂对夹杂物组成的影响

作为阀门用线材，如采用 Si-Mn 合金脱氧的镇静钢时，在用 Si 脱氧的情况下，脱氧生成物主要为 SiO_2 和 SiO_2-MnO，因无造成断丝的 Al_2O_3 的夹杂物来源，故可减少其发生疲劳裂纹的几率。实际生产中，最好是选择那些含 Al 少的脱氧剂和采用 Al_2O_3 少的耐火材料，这样一来，就可以减少脱氧生成物——Al_2O_3 等高熔点夹杂的生成。采用 Si-Mn 合金脱氧生成物、钢液与夹杂物之间的平衡关系如下：

$$Si + 2MnO \Longrightarrow SiO_2 + 2Mn \qquad (2-1)$$

$$\lg a_{SiO_2} a_{Mn}^2 / (a_{MnO}^2 a_{Si}) = 620/T + 1.28 \qquad (2-2)$$

采用 Si-Mn-Al 合金脱氧时的平衡式为以 Al 脱氧时的平衡式。Si-Mn-Al 合金中的活度，可以用钢液中夹杂物的组成推算。据估算，在 $w(Al) > 0.002\%$ 时采用式（2-2）和式（2-3），在 $w(Al) < 0.002\%$ 时采用式（2-2）。

$$Al_2O_3 \Longrightarrow 2Al + 3O$$

$$\lg a_{Al}^2 a_O^3 / a_{Al_2O_3} = -64000/T + 1.28 \qquad (2-3)$$

钢帘线的化学成分见表 2-1。

表 2-1　钢帘线的化学成分　　　　　　　（质量分数/%）

C	Si	Mn	P	S
0.70	0.20	0.55	0.012	0.005

按式（2-2）和式（2-3）将 $a_{Si} = 0.2$、$a_{Mn} = 0.55$ 代入式（2-2），则得到对于钢帘线用钢的夹杂物 SiO_2 与 MnO 的关系式：

$$a_{SiO_2} / a_{MnO}^2 = 140 \qquad (2-4)$$

将坂尾先生提出的 SiO_2-MnO-Al_2O_3 系的活量图用式（2-4）验证，其夹杂物的组成如图 2-7 所示（该图中所示阀门钢的成分见表 2-2）。

表 2-2　阀门钢的化学成分　　　　　　　（质量分数/%）

C	Si	Mn	Cr	Al
0.55	1.49	0.59	0.34	0.002

图 2-7 显示在 Al 浓度低的情况下，钢液组成与夹杂物 SiO_2、SiO_2-MnO 系的平衡关系。在 Al 浓度高的情况下，夹杂物组成的变化如图 2-7 中箭头所指方向。

在锰铝石（Spessartite）范围内，控制夹杂物组成的目标是控制阀门钢液中 Al 的浓度，按式（2-3）推断出 Al 的浓度的坂尾先生的活量图如图 2-7 所示。钢帘线用钢的钢液中 Al 的浓度为 $5 \times 10^{-4}\%$，阀门钢的钢液中 Al 的浓度为 $8 \times 10^{-4}\%$。在冶炼表 2-1 所示的钢时，采用 3 种不同 Al 含量的硅铁合金，钢液中铝含量对夹杂物组成的影响如图 2-8 所示。钢液中铝的浓度差异是因添加不同硅铁造成的，其硅铁组成见表 2-3。

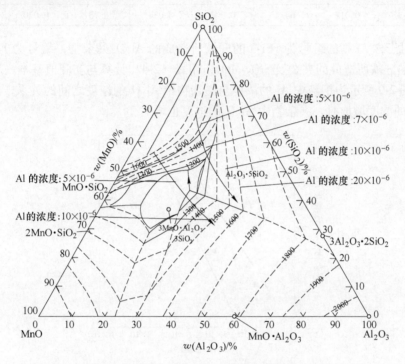

图 2-7　钢帘线和阀门钢中酸溶铝与计算的夹杂物组成之间的关系

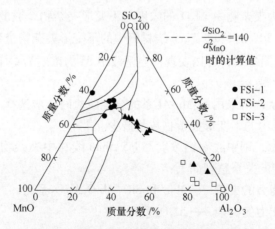

图 2-8　合金中铝含量对夹杂物组成的影响

表 2-3　实验用硅铁的化学组成　　　　　　（质量分数/%）

编　号	C	Si	S	Ti	Al	Ca	Fe
FSi-1	0.080	73.2	<0.001	0.035	0.02	0.016	26.7
FSi-2	0.16	74.0	0.006	0.138	1.89	0.360	21.1
FSi-3	0.017	64.2	0.004	0.033	8.73	0.020	26.4

对于含 Al 高的编号为 FSi-3 的硅铁所造成的 Al_2O_3 夹杂物，编号为 FSi-1 含 Al 低的硅铁所造成的夹杂及 SiO_2-MnO，用式（2-4）计算与实测值基本一致。

图 2-9 所示为钢液中 Al 的浓度与夹杂物中 Al_2O_3 的浓度之间的关系，在钢液中 Al 的浓度增加时，夹杂物中 Al_2O_3 的浓度也增加。

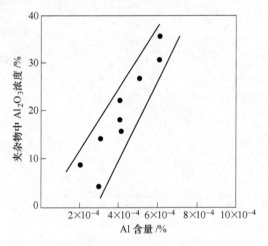

图 2-9　在夹杂物中铝的含量与钢中酸溶铝的关系

图 2-10 所示为夹杂物中 Al_2O_3 的浓度与不变形夹杂物个数的关系，当夹杂物中 Al_2O_3 的浓度为 20% 时，ϕ5.5mm 线材钢中的不变形夹杂物个数最少。

对比图 2-9 和图 2-10，可以发现：当钢液中 Al 的浓度为 $4×10^{-4}$% 时，钢丝中不变形夹杂物个数最少。

如图 2-11 所示，对采用 Si-Mn-Al 系的合金脱氧时，应选择 Al 含量最低的合金，才能使钢帘线中的不变形夹杂物数量最少。

如图 2-12 所示，钢中酸溶铝浓度与 ϕ5.5mm 线材中夹杂物形态、变形夹杂物、不变形夹杂物的关系整理如下：

（1）有变形能力的夹杂——MnS 和 SiO_2-MnO-Al_2O_3 系列；

（2）无变形能力的夹杂——Al_2O_3 系列；

（3）无变形能力的夹杂——SiO_2 系列。

钢液中酸溶铝含量在 0.02kg/t 以下时，发现 Al_2O_3 系列的夹杂物、SiO_2 系列

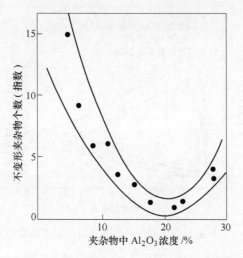

图 2-10 夹杂物中的氧化铝含量与不变形夹杂物个数之间的关系

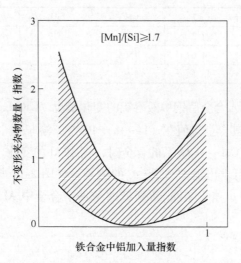

图 2-11 来自脱氧铁合金的铝加入量指数与钢帘线中不变形夹杂物数量的关系

夹杂物增加。钢液中酸溶铝含量在 0.02kg/t 以上时，钢丝中无不变形夹杂物。从上述钢帘线及阀门钢的冶炼看，为控制具有变形能力的夹杂物的组成，适量加 Al 也是必要的。

2.1.2.2 精炼用熔剂对纯净钢中夹杂物形态的影响

对于钢帘线用钢的冶炼，精炼时熔剂成分对夹杂物的影响调查：实验采用高频炉（用 MgO 砖），将 300kg 的钢熔化，通过加入不同种类合金，研究熔剂成分对钢中夹杂物的影响。

表 2-4 所示为实验用 3 种合金添加剂组成。

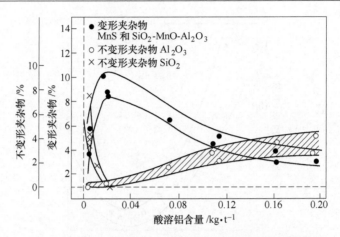

图 2-12　酸溶铝与不变形夹杂物和可变形夹杂物的关系

表 2-4　实验用 3 种合金添加剂组成　　　　（质量分数/%）

种　　类	CaO	CaF$_2$	SiO$_2$	Al$_2$O$_3$	MgO
CaO-CaF$_2$ 系	78.3	19.5	0.9	0.2	0.4
CaO-CaF$_2$-Al$_2$O$_3$ 系	54.6	15.5	1.1	27.2	0.3
CaO-SiO$_2$ 系	43.3	—	53.2	2.4	—

　　图 2-13 所示为加入合金后钢中酸溶铝的变化情况。CaO-CaF$_2$ 和 CaO-CaF$_2$-Al$_2$O$_3$ 两类为强碱性合金，其含全氧值在（14~16）×10^{-4}%，溶于钢中氧含量在（6~8）× 10^{-4}%。对采用 CaO-CaF$_2$-Al$_2$O$_3$ 系的合金时，钢中 Al 的变化、金属与合金之间的平衡，用式（2-3）可求出钢中 Al 与 a_0 的关系，如图 2-14 所示。根据三本木先生的数据计算合金中 $a_{Al_2O_3}$。在 a_0 活度低的条件下合金中 Al$_2$O$_3$ 分解，Al 的浓度增加。

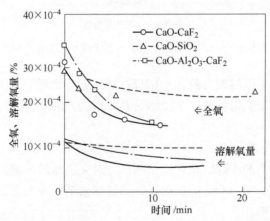

图 2-13　在用熔剂处理时钢中全氧和溶解氧量变化

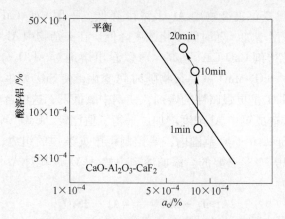

图 2-14 采用熔剂 CaO-CaF$_2$-Al$_2$O$_3$ 钢中酸溶铝和氧的活性变化

采用表 2-4 所示熔剂处理钢液后，夹杂物组成的变化见图 2-15。采用 CaO-CaF$_2$

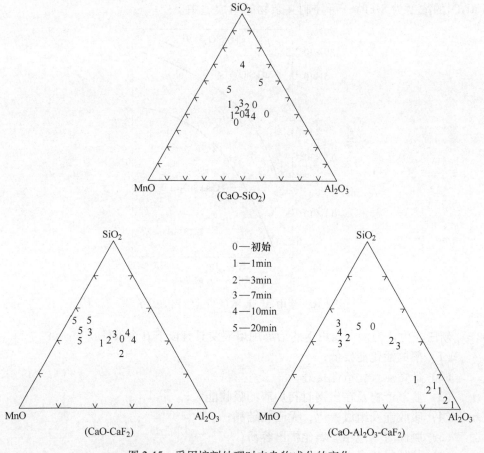

图 2-15 采用熔剂处理时夹杂物成分的变化

系合金时，随时间变化夹杂物中 Al_2O_3 浓度降低。采用 $CaO\text{-}CaF_2\text{-}Al_2O_3$ 系熔剂，在初期 Al_2O_3 的浓度增加，随时间变化浓度降低。在夹杂物中 Al_2O_3 的浓度，熔剂 $CaO\text{-}CaF_2\text{-}Al_2O_3$ 比熔剂 $CaO\text{-}CaF_2$ 系高，可以看出熔剂对 Al_2O_3 分解是有影响的。$CaO\text{-}SiO_2$ 系熔剂对 $SiO_2\text{-}MnO$ 系夹杂物随时间变化，使 SiO_2 发生转移。$CaO\text{-}CaF_2$ 相比 $CaO\text{-}CaF_2\text{-}Al_2O_3$ 是更强碱性的熔剂，使钢中氧低下，这使合金中与耐火衬中的 Al_2O_3 分解后，造成钢中 Al 浓度增加。平衡氧值比较，$CaO\text{-}SiO_2$ 系熔剂较高。

在锰铝石（Spessartite）范围内，要控制钢中夹杂物的组成，控制钢液中 Al 含量在 $(4\sim5)\times10^{-4}\%$ 是必要的。添加熔剂中的 Al_2O_3，其对 Al 浓度的影响及渣和钢液间的关系为：

$$2Al_2O_3 + 3Si \Longrightarrow 4Al + 3SiO_2$$

$$\lg a_{Al}^4 a_{SiO_2}^3 / (a_{Al_2O_3}^2 a_{Si}^3) = -37670/T + 7.2 \tag{2-5}$$

渣中 Al_2O_3 的浓度与酸溶铝的关系如图 2-16 所示。钢帘线用钢冶炼时渣中 Al_2O_3 浓度与夹杂物中 Al_2O_3 浓度关系如图 2-17 所示。渣的碱度比为 1、渣中 Al_2O_3 的浓度为 8% 时，可控制夹杂物的组成适中。

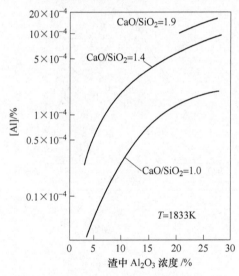

图 2-16　渣中 Al_2O_3 浓度与酸溶铝的关系

新庄先生认为钢帘线用钢的冶炼用熔剂要具有以下 6 个条件：
（1）氧的活化能要低；
（2）低熔点且化渣性良好；
（3）脱氧产物及在出钢时转炉渣的吸收能大；
（4）吸收能及组成变化，无固相结晶；
（5）凝固时其他相玻璃化析出容易；
（6）热轧时相对变形能大。

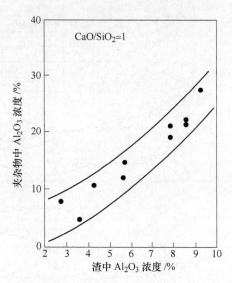

图 2-17 渣中 Al_2O_3 浓度与夹杂物中 Al_2O_3 浓度的关系

对 SiO_2-CaO-Al_2O_3 系熔剂，当熔剂的组成为 SiO_2 45%、CaO 45%、Al_2O_3 10% 时可满足上述要求。

市桥先生在进行试验时所采用的四种熔剂组成如表 2-5 所示。

表 2-5 实验用熔剂组成 （质量分数/%）

种 类	CaO	Al_2O_3	CaF_2	SiO_2
合金 A	48	32	20	
合金 B	65	18	15	
合金 C	85		15	
合金 D	46	2	5	47

图 2-18 表明，当熔剂和熔剂中脱氧产物的活性低下时，脱氧性向上，特别是 CaO-CaF_2 效果显著。在合金中熔剂含量多时，Al_2O_3 被 Si 还原，使钢液中的 Al 含量增加。钢帘线用钢的不变形 Al_2O_3 系可能来自 CaO 系与 CaO-SiO_2 系熔剂。钢中全氧量，CaO 系是低的。在 $\phi5.5mm$ 线材的低倍检验中非变形夹杂个数，以 CaO-SiO_2 合金为最少，结果令人满意。

盐饱先生提出的阀门用钢控制要点是其夹杂物熔点要最低，且具有变形能力，同时要防止 Al 的脱氧产物 Al_2O_3 的混入，渣的碱度控制在 0.6~0.7 最合适，在锰铝石（Spessartite）范围内，控制 Al 的加入量，控制 CaO/SiO_2 = 1 的条件下，可以采用含 7%~10% 的 Al_2O_3 的熔剂。

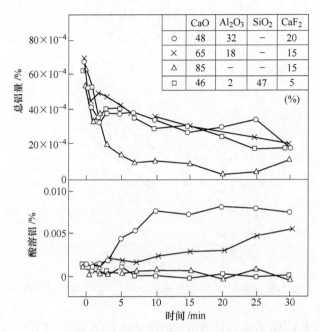

	CaO	Al$_2$O$_3$	SiO$_2$	CaF$_2$
○	48	32	–	20
×	65	18	–	15
△	85	–	–	15
□	46	2	47	5

(%)

图 2-18 添加不同成分的熔剂时钢液中全氧量和酸溶铝的变化情况

2.1.2.3 熔剂加入方法对夹杂物组成的影响

表 2-1 所用钢的成分、表 2-4 所示熔剂 CaO-CaF$_2$ 与 CaO-SiO$_2$ 是在冶炼中吹 Ar 过程中加入的。

图 2-19 所示为在用熔剂处理钢液时，夹杂物组成随时间变化的（CaO+CaF$_2$）-（SiO$_2$+MnO）-Al$_2$O$_3$ 状态图。

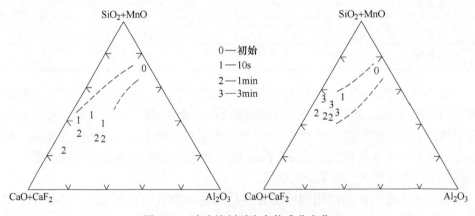

0——初始
1——10s
2——1min
3——3min

图 2-19 喷吹熔剂时夹杂物成分变化

CaO-SiO$_2$ 类熔剂有随时间增加而增加的趋势。所用喷吹方法能使熔剂均匀地分散到钢液中。

CaO-CaF$_2$ 和 CaO-SiO$_2$ 类熔剂在钢液中的溶解，在 1550℃采用滴定法测接触角，CaO-CaF$_2$类为 105°，CaO-SiO$_2$类为 50°，CaO-SiO$_2$接触角小，容易扩散，这也是夹杂物成因之一。

用光学显微镜测定 φ10μm 以上夹杂物个数随吹炼时间的变化，如图 2-20 所示。炉中采用 CaO-SiO$_2$熔剂吹 Ar 的情况下夹杂物的组成变化情况，如图 2-21 所示。处理前，MnO、SiO$_2$ 等脱氧夹杂物浓度很高，处理过程中随着 CaO 增加，MnO、SiO$_2$浓度变小。处理后熔剂系的合金夹杂物个数增多。据以上情况，新庄先生提出 MnO-SiO$_2$类熔剂因其熔点低，凝固时析出物变为玻璃相之说，涉及对钢中有变形能力夹杂物的形态控制问题。

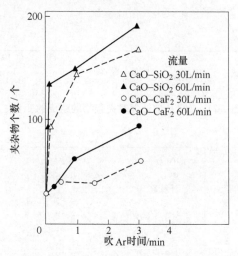

图 2-20 用光学显微镜测定 φ10μm 以上夹杂物个数随吹炼时间的变化

2.1.3 在连铸纯净钢过程中夹杂物组成的变化

精炼处理最适合控制夹杂物组成。在浇铸过程中，要注意防止钢液被二次氧化及温度降的变化。

图 2-22 所示为钢帘线用钢在 Ar 气保护下连铸，从 LF 炉到中间包夹杂物组成的变化。经 LF 炉处理后，钢液温度从 1550℃开始（中间包温度）下降时，a_{MnO}、a_{SiO_2}增加，而 a_O 和钢液组成一定。

$$\lg a_{MnO}/(a_{Mn}a_O) = 15050/T - 6.75 \qquad (2\text{-}6)$$

$$\lg a_{SiO_2}/(a_{Si}a_O^2) = 30110/T - 11.40 \qquad (2\text{-}7)$$

由式（2-6）和式（2-7）可求图 2-22 中点线。实际测量 a_{MnO}、a_{SiO_2}的增加比计算值小，夹杂物的组成在钢液温度下降后，脱氧平衡发生移动，但在 Ar 气下铸造，从 LF 炉到中间包夹杂物的组成变化不大。

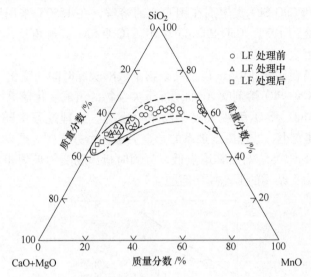

图 2-21　在 LF 炉处理时夹杂物的组成的变化

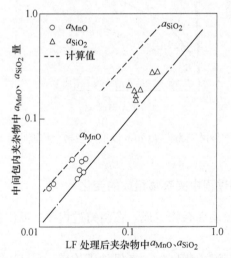

图 2-22　从 LF 炉到中间包观察夹杂物中 a_{MnO}、a_{SiO_2} 的变化

所用钢的成分如表 2-1 所示，在 Ar 气保护下，经高频加热熔化后，进行大气氧化实验。图 2-23 所示为大气氧化前后夹杂物组成变化的情况。经大气氧化后，其状态图向 SiO_2-MnO 侧移动。在大气氧化后 Al 浓度下降条件下，夹杂物组成、SiO_2 浓度的变化必须考虑，为此，必须注意浇铸应在无氧化气氛下进行。

对凝固时夹杂物变化的研究是通过对铸坯从表面到内部的夹杂物组成进行分

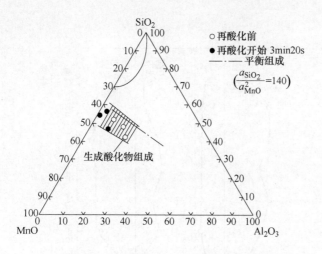

图 2-23 钢液发生二次氧化时夹杂物成分的变化

析，如图 2-24 所示。从铸坯表层到中心部，夹杂物中 SiO_2、MnO 的浓度增加，CaO、MgO 的浓度下降。其原因是：

（1）凝固时温度下降；

（2）成分偏析。

图 2-25 显现铸坯表层部的夹杂物与中间包的夹杂物在温度下降时有若干组成变化，铸坯内部随凝固时温度下降成分偏析所造成的夹杂物变化：在中间包内钢液中夹杂物的 CaO、SiO_2、Al_2O_3、MgO、MnO 的浓度变化与在钢坯内同类夹杂物的浓度变化是一致的。

图 2-26 所示 Si 和 Mn 的浓度可采用 Seheil 式用所对应的固相率求出。Si 的平衡分配系数小，随固相率增加，钢液浓度增加，Mn 变化不大，以上结果用 a_{Si}、a_{Mn} 求出，平衡 a_{SiO_2}/a_{MnO}^2 计算结果如图 2-26 所示，a_{SiO_2}/a_{MnO}^2 随固相率增加而增加，SiO_2 的浓度影响夹杂物组成。

图 2-27 所示为中间包内夹杂物中 Al_2O_3 浓度与铸坯内部夹杂物中 SiO_2 浓度的关系。中间包内夹杂物中 Al_2O_3 浓度高时，抑制钢液凝固过程中生成的 SiO_2 的生成量，使铸坯内 SiO_2 的浓度减小。如铸前能适当控制钢液 Al 的浓度，则会使钢液凝固时产生的夹杂物组成得到控制。

2.1.4 耐火材料对夹杂物组成的影响

冶炼过程中钢液与耐火材料发生反应，耐火材料的熔化损失、磨耗，使耐火材料随钢液一起流出，形成悬浮的钢渣。例如，钢帘线用钢的冶炼，如使用 Al_2O_3 耐火材料，在冶炼时就会把耐火材料中的 Al_2O_3 粒子卷入钢液中。而钢液中的碳会将

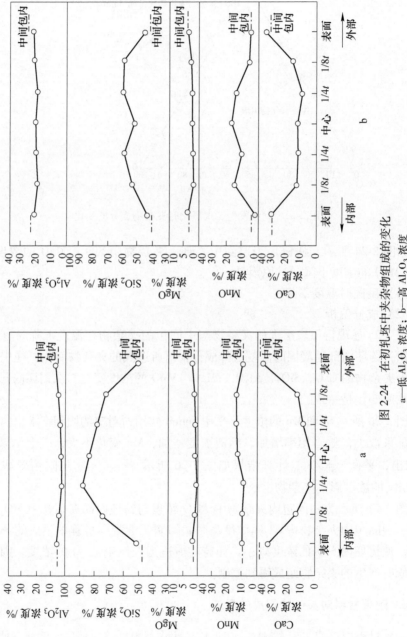

图 2-24　在初轧坯中夹杂物组成的变化

a—低 Al₂O₃ 浓度；b—高 Al₂O₃ 浓度

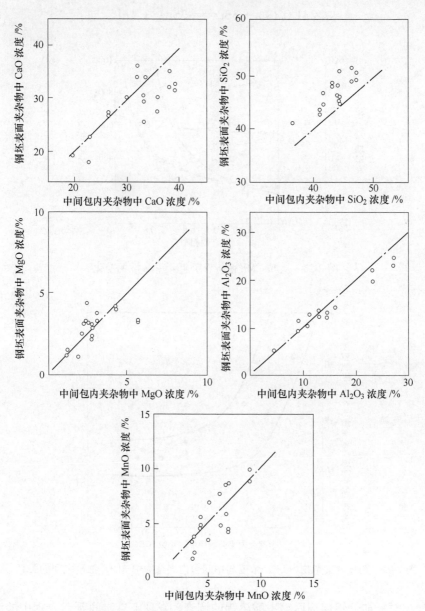

图 2-25 中间包内和初轧坯表面夹杂物的组成变化

氧化铝还原成铝，反应式为：

$$Al_2O_3(s) + 3C = 2Al + 3CO(g) \qquad (2-8)$$

另外，阀门用钢（SAE9254）含 Si 高，在钢液中硅也会把耐火材料中的 Al_2O_3 还原成铝，这时夹杂物中不变形的 Al_2O_3 组成发生变化，反应式为：

$$2Al_2O_3(s) + 3Si \Longrightarrow 3SiO_2 + 4Al \qquad (2-9)$$

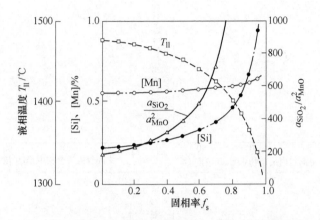

图 2-26　从 Si、Mn 偏析看引起 a_{SiO_2}/a_{MnO}^2 的变化

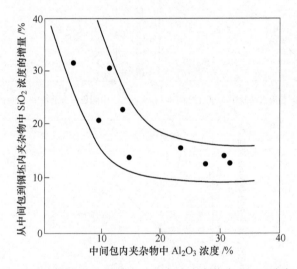

图 2-27　钢坯内夹杂物中 SiO_2 浓度与中间包内夹杂物中 Al_2O_3 浓度之间的关系

　　通过对添加低铝熔剂后钢中酸溶铝的调查，发现随着时间延迟，钢中酸溶铝增加，根据计算，如精炼时间是 90min，钢中的酸溶铝要增加 $(1 \sim 2) \times 10^{-4}\%$，如图 2-28 所示。对连续生产、钢罐连续使用的条件下，在耐火砖的表面要附着上一层渣，这时在钢液中的反应发生变化。如在兑入钢水后，在采用喷射合金对钢液精炼时，阀门钢液中的非金属夹杂物组成的变化情况见图 2-29。

　　在补炉时喷吹含氧化铝耐火材料后在钢罐表面形成一层玻璃质的物质，在耐火材料分解后，钢中的 SiO_2 浓度增加，同时，钢中的夹杂物分解为铝，这时候钢

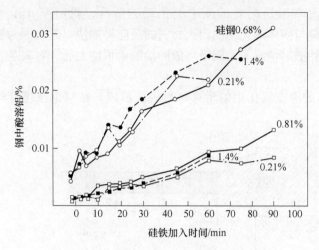

图 2-28 加入硅铁后钢中酸溶铝的变化情况

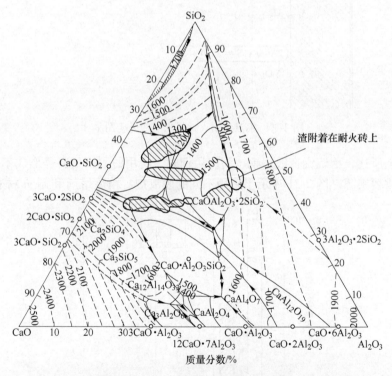

图 2-29 当精炼时阀门钢中的非金属夹杂物组成的变化情况
（在接收钢水和喷吹前熔剂是铺在中间包中）

液的组成发生变化，与附着的渣的组成接近。图 2-30 所示为钢液与耐火材料之间的反应。在所附着的厚度为 1~2mm 的渣的熔融层中，耐火材料中的氧化铝分解很快，钢水处理时所附着的渣中氧化铝的活性，我们按 $a_{Al_2O_3} = 1$ 考虑。式 (2-9) 所示的硅与固体氧化铝的耐火材料的反应将加快。这是因为在耐火材料表面附着具有活性渣的情况下，钢液与渣的接触面积增大后，对夹杂物组成的影响也增大。

含有 MgO 的渣在氧化铝的耐火材料表面形成，在对钢液搅拌时，要注意悬浮的夹杂物。

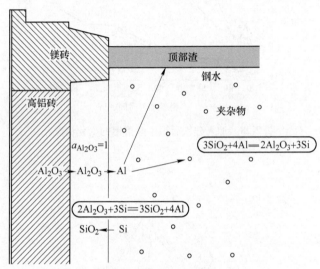

图 2-30　钢液与耐火材料之间的反应图示

综上所述，冶炼钢帘线用钢、阀门用钢时，所用的耐火材料是形成不变形夹杂物的重要来源。图 2-31 显示了采用不同的脱氧剂、精炼熔剂和耐火材料对线

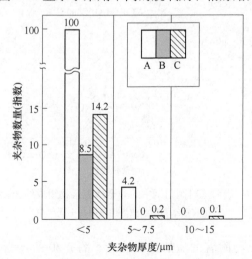

图 2-31　采用不同的脱氧剂、精炼熔剂和耐火材料对线材中非金属夹杂物的影响

材夹杂物指数的影响。其中，三种材料的组合见表 2-6。采用锆质耐火材料的钢包、采用低铝的硅铁脱氧、采用 $CaO\text{-}SiO_2$ 作为精炼熔剂时，夹杂物含量最少，5μm 以上的夹杂物没有，小于 5μm 的夹杂物指数最低。采用氧化铝质钢包、采用硅铁和铝脱氧、采用 $CaO\text{-}CaF_2\text{-}Al$ 作为精炼熔剂时，若注意熔剂的加入方法和对钢液的搅拌等处理条件，也能将夹杂物的数量和尺寸控制在希望的范围内。

对于钢帘线用钢和阀门用钢中夹杂物的控制技术要点是使这些夹杂物变成为有变形能力的、无害的、低熔点的夹杂，这样这些夹杂在热轧过程中就能产生塑性变形，也就会大大减少在钢材的冷加工过程中产生裂纹、断丝等的频率。

表 2-6　图 2-31 中三种材料的组合

项　　　目		A	B	C
脱氧剂		FeSi	FeSi（低 Al）	FeS，Al
VAD 熔剂		$CaO\text{-}CaF_2$	$CaO\text{-}SiO_2$	$CaO\text{-}CaF_2\text{-}Al$
耐火材料	钢包	氧化铝	锆英石	氧化铝
	中间包、水口	氧化铝	锆英石	氧化铝

2.2　合金元素对高碳钢线材力学性能的影响

随着人们对钢铁材料性能要求的提高，以高碳线材为原料的金属制品如钢丝绳、弹簧、PC 钢线等硬线和钢琴丝等各种油淬火回火钢丝的使用逐年增多。机械部件的小型化、高性能化，这些都要求线材具有优良的拉拔性能和良好的加工韧性、更高的抗疲劳性能，以及线材高强度化。随着桥梁等建筑的大型化，又进一步要求线材具有大直径、高强度化。过去对线材的要求仅能满足高强度、高韧性的要求。

过去线材钢是以 C、Si、Mn 为主要成分，其晶粒粗大，影响线材拉拔性、断面韧性的提高。最近，随着炼钢技术的进步和金属物理位错理论的研究，人们从对线材的低倍质量观察入手，探讨改进线材质量的方向。

本节研究用高碳硬线生产冷拉拔钢丝的潜力，探讨添加合金元素来提高具有珠光体组织的高碳线材性能的可能性。

钢丝力学性能受两大因素影响：（1）在拉拔中钢丝温度上升同时产生动和静应变时效；（2）钢丝的碳化物形状同珠光体片间距大小。这些曾在普碳钢的范畴研究过，但人们关于合金元素对高碳线材作用的研究还不多见。

以高碳钢为基，通过单独加入或组合加入合金元素 Al、Ti、Si、Mn、Cr 等，了解合金元素对高碳钢线材力学性能的影响和效果。

Al 同 Ti，对高碳钢力学性能的影响机理是：合金元素与钢中固溶的氮结合，可以使钢丝的拉拔过程中应变时效减轻，同时合金元素还具有细化晶粒作用。适量添加 Si、Mn 和 Cr 后，形成碳化物（珠光体），使珠光体的相变曲线产生变化。这些均是使线材的拉伸性能和力学性能提高的因素。

2.2.1　实验钢

所用实验钢化学成分见表 2-7。按添加元素不同，实验钢分成 5 类：

第Ⅰ类：以 C 0.6%、Mn 0.5%同 C 0.8%、Mn 0.8%为基本成分，加入不同的 Al 量。

第Ⅱ类：以 C 0.8%为基本成分，添加不同的 Ti 量（0~0.27%）。

第Ⅲ类：以 C 0.8%、Si 0.02%~1.5%为基本成分，添加不同的 Al 量。

第Ⅳ类：以 C 0.8%、Mn 0.5%为基本成分，添加不同的 Cr 量（0.04%~1%）。

第Ⅴ类：以 C 0.8%、Mn 0.5%~1.2%、Cr 0.5%~1%为基本成分，添加不同的 Al 量。

表 2-7　实验钢的化学成分　　　　　　　　　　（%）

分类	记号	化　学　成　分						
		C	Si	Mn	Cr	Al	Ti	∑N
I	A-1	0.58	0.24	0.53		0.083		0.012
	A-2	0.61	0.24	0.48		0.32		0.005
	A-3	0.63	0.26	0.48		0.008		0.005
	A-4	0.80	0.26	0.46		0.093		0.008
	A-5	0.82	0.27	0.50		0.035		0.005
	A-6	0.83	0.26	0.53		0.006		0.006
	A-7	0.82	0.24	0.49		0.048		0.008
	A-8	0.82	0.20	0.54		0.001		0.006
	A-9	0.78	0.29	0.73		0.094		0.009
	A-10	0.80	0.29	0.83		0.095		0.004
	A-11	0.80	0.28	0.81		0.077		0.004
	A-12	0.80	0.29	0.75		0.071		0.008
	A-13	0.81	0.29	0.85		0.076		0.006
	A-14	0.81	0.34	0.81		0.051		0.014
	A-15	0.76	0.31	0.82		0.046		0.004
	A-16	0.78	0.29	0.76		0.031		0.009
	A-17	0.80	0.27	0.81		0.035		0.005
	A-18	0.81	0.26	0.78		0.014		0.006
	A-19	0.76	0.24	0.77		0.005		0.006

分类	记号	化 学 成 分						
		C	Si	Mn	Cr	Al	Ti	ΣN
Ⅱ	T-1	0.80	0.27	0.80		<0.002	痕量	0.007
	T-2	0.79	0.25	0.74		0.002	0.04	0.005
	T-3	0.81	0.29	0.69		0.002	0.1	0.006
	T-4	0.80	0.29	0.69		0.002	0.17	0.006
	T-5	0.80	0.29	0.71		0.002	0.27	0.007
Ⅲ	S-1	0.84	0.02	0.76		0.055		
	S-2	0.79	0.04	0.75		0.058		
	S-3	0.83	0.10	0.74		0.039		
	S-4	0.85	0.25	0.87		0.058		
	S-5	0.80	0.38	0.87		0.068		
	S-6	0.78	0.83	0.87		0.072		
	S-7	0.79	1.58	0.84		0.095		
Ⅳ	C-1	0.84	0.25	0.52	0.04			
	C-2	0.82	0.20	0.52	0.16			
	C-3	0.80	0.20	0.52	0.31			
	C-4	0.80	0.22	0.53	0.46			
	C-5	0.80	0.18	0.53	1.02			
Ⅴ	M-1	0.78	0.32	0.84	0.04	0.057		
	M-2	0.78	0.28	0.49	0.50	0.056		
	M-3	0.80	0.30	0.80	0.52	0.060		
	M-4	0.78	0.30	1.20	0.52	0.054		
	M-5	0.77	0.29	0.81	0.98	0.052		
	M-6	0.80	0.24	1.18	0.98	0.045		
	M-7	0.80	0.27	1.49	0.98	0.049		
	M-8	0.80	0.24	0.82	1.45	0.048		
	M-9	0.78	0.25	0.41	1.01	0.046		

2.2.2 实验结果

2.2.2.1 添加 Al 的影响

对于低碳钢，对脱氧、细化晶粒的研究很多，加铝后对性能的影响也已很明了，而对高碳钢的研究并不多。

　　在研究高碳钢硬线的性能时，发现原存在于线材中的少量的大块夹杂通过细化晶粒，可以使其在细晶钢中变成长纤维状，显示出良好的性能。细化晶粒与低的奥氏体化温度可防止晶粒粗大，使钢线显现出良好的拉拔韧性。

　　线材中 C、N、B、O、H 等以充填 Fe 原子间隙的形式存在，并影响其性能。在拉拔时，拉丝模与钢丝摩擦生热和变形生热，使钢丝温度高达 200℃，这时 Fe 原子与位错作用的时效现象表现为拉拔后钢丝性能变坏。无论冬季还是夏季拉拔，无论是在连续拔丝机还是单头拔丝机上拉拔，钢丝性能的波动都反映了这个问题。但通过往钢中添加 Al 后，铝可以与钢中氮形成 AlN，使钢的晶粒稳定细化，从而改善了钢丝的拉拔性能。

　　A　加 Al 对钢中固溶氮的稳定化处理效果

　　图 2-32 所示是表 2-7 所列实验钢中全氮量随加铝量变化的情况。从图 2-32 可以看出：加 Al 量在 0.03% 以上时，由于 AlN 析出的结果，钢中固溶氮大大减少。而加 Al 量在 0.03% 以下时，钢中全氮量为 0.004% 以下，这对改善钢丝的拉拔效果不明显。图中实线表示低碳合金钢奥氏体中 Al 同 N 的溶解度（奥氏体温度 900℃）计算结果是一致的。

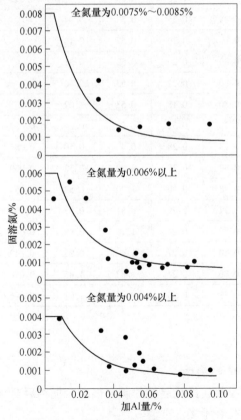

图 2-32　加 Al 对线材钢固溶氮的稳定化效果

B 加 Al 对细化钢的奥氏体晶粒的作用

加 Al 对细化钢的奥氏体晶粒度的作用如图 2-33 所示。当加 Al 量在 0.030%以上时，钢的奥氏体晶粒细化，晶粒度可达 6~8 级。当钢中全氮量为 0.004%时，加 Al 后钢的晶粒呈粗、细混合状态，这使其加工性能恶化。所以，钢中的 Al 含量为 0.03%以上、全氮量为 0.006%以上时细化奥氏体晶粒效果最好。

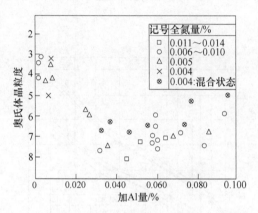

图 2-33 加 Al 对线材钢细化奥氏体晶粒的效果

图 2-34 所示为加 Al 对线材钢奥氏体晶粒度和奥氏体化温度的影响。在 1000℃奥氏体化温度下，加 Al 后析出 AlN 多，可以使晶粒细化和稳定。对于低碳合金钢，AlN 析出量在 0.012%~0.020%，不仅晶粒细化而且稳定。本实验钢当其 AlN 为 0.006%以上时即可达到目的。在全氮量为 0.004%时，由于 AlN 析出少，晶粒呈粗细混杂，钢丝拉拔性变差，所以为改善线材的拉拔性能，要细化晶粒，加入氮是必要的。

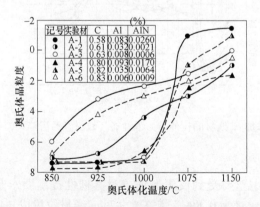

图 2-34 加 Al 对线材钢奥氏体晶粒度和奥氏体化温度的影响

C　改善线材的拉拔性能

实验材为 ϕ5.5mm 经铅浴淬火处理的线材，所用拉丝模各孔减面率一般为 20%～26%，本方法采用 30%～35% 的高减面率。这两种减面率及各种拉拔条件下线材性能的变化如图 2-35、图 2-36 所示。经珠光体化后的线材添加了 Al，因其晶粒细化，减面率比普通材高，而且加工性能更好。而对于一般拉拔含 C 0.6% 的线材，总减面率在 92%～94% 时，拉拔后钢丝性能变坏，捻股值与韧性有下降的趋势。

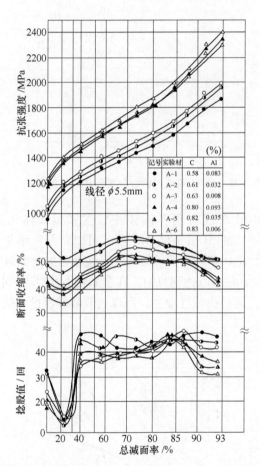

图 2-35　添加 Al 线材的拉伸与力学性能（线材经铅浴淬火，一般拉丝）

D　改善钢丝性能

考虑到加工时钢丝要受到反复弯曲，对其韧性提出要求是必要的。实验材 A-7、A-8 是采用碳含量为 0.8%、规格为 ϕ7mm 线材拉拔成 ϕ4.5mm 的钢丝，再经不同温度退火处理的钢丝，其性能情况如图 2-37 所示。添加 Al 的钢丝，比不

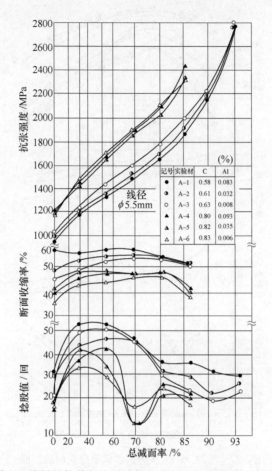

记号	实验材	C	Al
●	A-1	0.58	0.083
◑	A-2	0.61	0.032
○	A-3	0.63	0.008
▲	A-4	0.80	0.093
◮	A-5	0.82	0.035
△	A-6	0.83	0.006

图 2-36 添加 Al 线材的拉伸与力学性能（线材经铅浴淬火，高减面率的拉伸）

加 Al 的钢丝其韧性（在经低温退火处理后）要好，其弯曲加工性能很明显优于不加 Al 的钢丝。图 2-38、图 2-39 所示为添加 Al 的钢丝与不加 Al 的钢丝疲劳与回转弯曲疲劳性能对比，加 Al 钢丝的疲劳强度比不加 Al 钢丝的要高。

2.2.2.2 添加钛的影响

钛同铝一样是稳定钢中固溶氮的有效元素，它与氮的亲和力比铝还要大，它也可以使钢的奥氏体晶粒细化。

如表 2-8 所示，在钢中添加 Ti 量在 0.05% 以下、钢中固溶氮量在 0.001% 以下时效果大。在添加 Ti 时要考虑非金属夹杂，Ti 加入量大于 0.1% 时，钢中会出现若干 Ti 系特有的小角度夹杂，在添加 Ti 量大于 0.15% 时就会出现巨大夹杂物，因此对 Ti 添加量要特别注意。

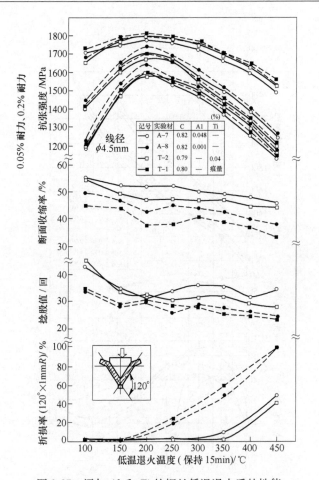

图 2-37　添加 Al 和 Ti 的钢丝低温退火后的性能

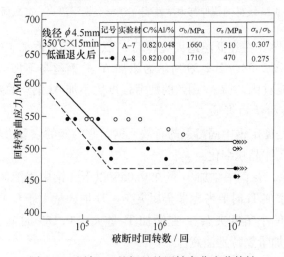

图 2-38　添加 Al 的钢丝的回转弯曲疲劳特性

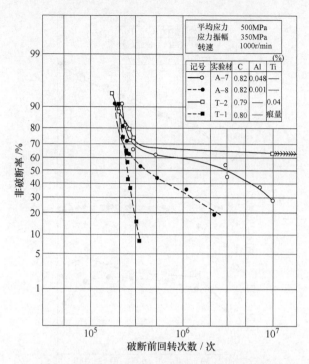

图 2-39 不加 Al 和 Ti 的钢丝的疲劳破坏情况

表 2-8 对加 Ti 的钢丝含氮量、晶粒度和非金属夹杂的分析

钢种代号	化学成分/%		N 的分析/%			奥氏体晶粒度/级	非金属夹杂物清净度/%			
	C	Ti	∑N		AlN		d_A	d_B	d_C	d
T-1	0.80	痕量	0.0075	0.0059	0.0016	痕量	3.8	0.02	0	0.02	0.04
T-2	0.79	0.04	0.0086	0.0013	0.0073	痕量	6.5	0.04	0	0.08	0.12
T-3	0.81	0.10	0.0058	0.0008	0.0050	痕量	9.3	0.01	0	0.08	0.09
T-4	0.80	0.17	0.0061	0.0008	0.0053	痕量	9.0	0.01	0	0.12	0.13
T-5	0.80	0.27	0.0016	0.0016	0.0059	0.0003	9.3	0.01	0	0.20	0.22

　　对添加 0.04%Ti 与普通线材的拉拔性能比较见图 2-40。对钢丝强度的影响添加 Ti 同加 Al 效果相同，但其断面收缩率及捻股次数加 Ti 者略优。加 Ti 与加 Al 的作用机理近似，如图 2-39 所示。

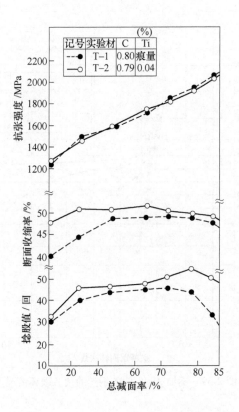

图 2-40　加 Ti 线材的拔丝性能和力学性能

2.2.2.3　添加 Si 的影响

一般认为随着钢中 Si 含量增加，钢的强度上升，但强度上升会使韧性降低。钢中加 Si 主要用在 PC 钢线上较多，因为含 Si 量高可以降低钢材对松弛的敏感性。本实验钢中的加 Si 量为 0.02%～1.5%，加 Si 后其性能变化如图 2-41 所示。在经铅浴淬火珠光体化条件下，随 Si 量增加，钢丝的强度提高，含 Si 量高达 1.5% 比 0.25% 的普通材强度提高了 150MPa。但韧性随含 Si 量增加变差，如断面收缩率下降，捻股值急剧恶化。在经低温退火后其性能见图 2-42。采用提高温度退火时，含 Si 量高的强度下降少，伸长率、捻股值随含 Si 量增加，下降也大。

表 2-9 为 ϕ4.5mm、ϕ2.9mm 钢丝经低温退火后的力学性能，通常含 Si 量高（0.15%～0.35%）比 Si 量低的强度要高。断面收缩率、弯曲加工性能、疲劳性能也好。含 Si 量高，强度上升，韧性是含 Si 量低的略好。经比较，含 Si 量不大于 1.5% 是比较合适的钢，适于做低松弛的 PC 钢线。

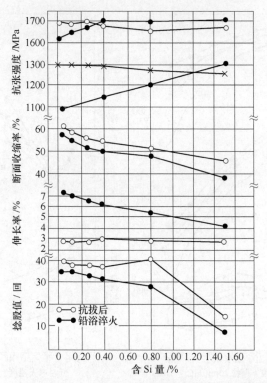

图 2-41 不同含 Si 量对钢丝（拉拔后及铅浴淬火）力学性能的影响

表 2-9 不同含 Si 量钢丝（铅浴淬火后）的力学性能

钢种代号	化学成分/%		ϕ4.5mm 钢丝 50℃+15min 低温退火					ϕ2.9mm 钢丝 350℃+30min 低温退火		
	C	Si	抗张强度 σ_b/MPa	断面收缩率/%	弯曲折断率/%	回转疲劳强度 σ_w/MPa	σ_w/σ_b	抗张强度 σ_b/MPa	断面收缩率/%	松弛性/%
S-2	0.79	0.04	1640	57	50	530	0.323	1980	55	3.3
S-5	0.80	0.38	1700	51	75	490	0.288	2040	47	2.2
S-6	0.78	0.83	1700 —	50 —	75 —	520 —	0.305 —	1980 2100	46 45	1.7 1.0
S-7	0.79	1.58	1740 —	41 —	100 —	480 —	0.276 —	2020 2170	43 45	1.5 0.9

2.2.2.4　添加 Cr 的影响

对高碳钢添加 Cr 的研究不多。从组织、韧性的观点看添加 Cr 可细化珠光体组织的片间距。受 Cr 的影响，其转变温度 CC 曲线的关系发生变化：在同一冷却速度下，添加 Cr，可使相变曲线右移，使相变开始温度降低，钢的珠光体组织微细化，但有出现碳化物倾向，会影响线材的力学性能。图 2-43 所示实验材 C-1～

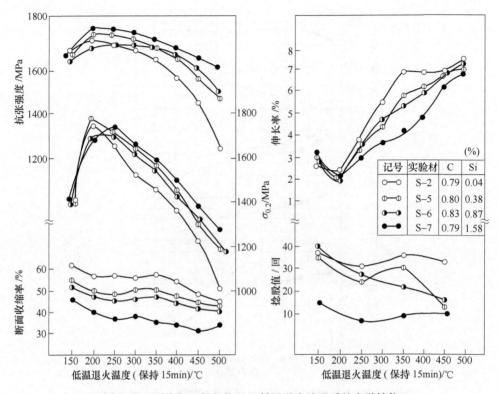

图 2-42　不同含 Si 量的钢丝经低温退火处理后的力学性能

C-5 为 φ7mm 线材，添加不同 Cr 量经铅浴淬火珠光体钢（加热 950℃、550℃铅淬处理）与普通珠光体钢比较，随着 Cr 量增加，钢的强度提高。含 1%Cr 的钢，强度可达 1500MPa。在经总减面率为 84%拉拔后，所对应含 Cr 钢的强度进一步增加，最高可达 2300MPa（含 Cr 1%）。其断面收缩率与捻股值也能满足要求。但应指出：添加 Cr 虽可以提高钢材的强度，但在总减面率大于 85%后，含 Cr 钢材的韧性会显著降低。

2.2.2.5　添加 Mn 和 Cr 对钢材性能的影响

从 2.2.2.4 节知道：在 Mn 含量为 0.5%时加入一定量的 Cr，可以提高钢的强度。下面研究在一定 Mn 量的条件下添加不同 Cr 量和在一定 Cr 含量的条件下添加不同 Mn 量对钢丝性能的影响。

添加 Mn 和 Cr 均使钢的相变曲线右移。图 2-44 为试验钢 M-3、M-5、M-8 的恒温相变曲线。Cr 量增加，使相变曲线弯曲更深，鼻子向高温侧移动。Mn 量增加也同样使相变曲线右移。

各实验钢奥氏体化后，在 575℃下恒温相变时珠光体相变开始和终了时间见表 2-10。Mn 和 Cr 量增加，100%地使钢的相转变时间显著加长。

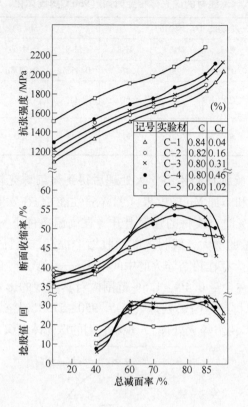

记号	实验材	C	Cr
△	C-1	0.84	0.04
○	C-2	0.82	0.16
×	C-3	0.80	0.31
●	C-4	0.80	0.46
□	C-5	0.80	1.02

图 2-43　添加 Cr 线材的拔丝性能和力学性能

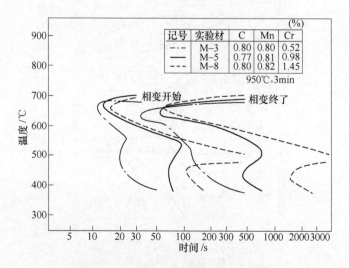

记号	实验材	C	Mn	Cr
—·—	M-3	0.80	0.80	0.52
——	M-5	0.77	0.81	0.98
- - -	M-8	0.80	0.82	1.45

950℃，3min

图 2-44　添加 Mn、Cr 线材的相变曲线

表 2-10　添加 Mn、Cr 线材的珠光体相变时间（950℃奥氏体化，575℃铅浴淬火）

项目	Cr 的效果（0.8%Mn）				Mn 的效果（1%Cr）			
钢种	M-1	M-3	M-5	M-8	M-9	M-5	M-6	M-7
成分/%	0.04Cr	0.052Cr	0.98Cr	1.45Cr	0.41Mn	0.81Mn	1.18Mn	1.49Mn
相变开始时间/min	1	20	50	50	11	50	50	50
相变终点时间/min	5	80	350	500	145	350	450	530

　　综上看出：各实验钢在经铅浴淬火处理后得到微细珠光体组织。图 2-45 和图 2-46 显示添加 Cr 和添加 Mn 的效果（铅淬后性能）。在含 Mn 为 0.8% 时，随 Cr 量增加到最大 1.5% 时，线材的强度上升（在高温条件下）。在铅浴淬火的最高温度下，随 Cr 含量的增大，线材的断面收缩率提高，而且数据集中。在断面收缩率低的区域，因为存在铅浴淬火的中间组织——马氏体和贝氏体等不稳定组织，所以 Mn 的效果在含量 0.4%~1.5% 范围内对其强度的影响显著。图 2-47 显示：添加 Mn-Cr 的线材经专门热处理（M-5，950~575℃铅浴淬火处理）与普通材（M-1，900~525℃铅浴淬火处理），观察它们的珠光体组织（在电镜下观察），

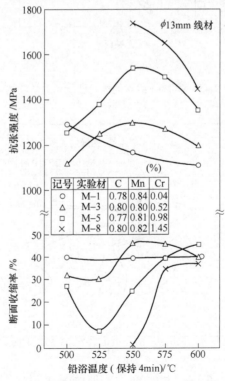

图 2-45　添加不同 Cr 量线材（Mn 含量一定的条件下）的力学性能变化

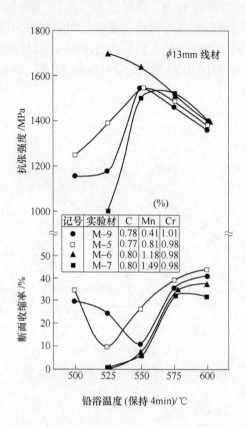

记号	实验材	C	Mn	Cr
●	M-9	0.78	0.41	1.01
□	M-5	0.77	0.81	0.98
▲	M-6	0.80	1.18	0.98
■	M-7	0.80	1.49	0.98

图 2-46 添加不同 Mn 量线材（Cr 含量一定的条件下）的力学性能变化

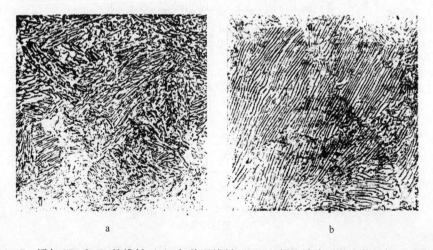

图 2-47 添加 Mn 和 Cr 的线材（a）与普通线材（b）经铅浴淬火后的金相组织（×5000）

发现添加 Mn-Cr 的线材片间距变小，这是因为添加 Cr 后使相变过冷度增加。图 2-48 所示为 M-5 及普通材珠光体片间距与强度之间的关系。可以看出添加 Mn 和 Cr 后，强度提高，片间距减小。M-1 至 M-5 的 ϕ7mm 线材经铅浴处理后拉拔，其力学性能变化如图 2-49 和图 2-50 所示。ϕ4.5mm 和 ϕ2.9mm 钢丝经低温退火，其力学性能见表 2-11。

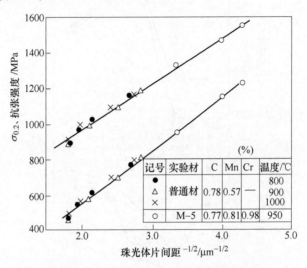

记号	实验材	C	Mn	Cr(%)	温度/℃
●	普通材	0.78	0.57	—	800
△					900
×					1000
○	M–5	0.77	0.81	0.98	950

图 2-48　珠光体片间距与钢材强度的关系

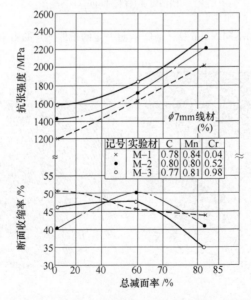

记号	实验材	C	Mn	Cr(%)
×	M–1	0.78	0.84	0.04
●	M–2	0.80	0.80	0.52
○	M–3	0.77	0.81	0.98

图 2-49　添加 Mn 和 Cr 的线材力学性能和断面收缩率的影响

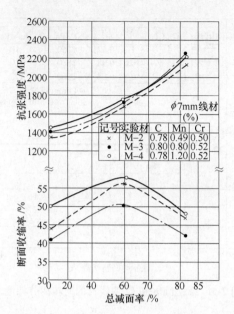

图 2-50　添加 Mn 和 Cr 的线材力学性能和断面收缩率的影响

普通材 M-1 比 M-3（0.5%Cr）强度低 100MPa，比 M-5 材低 200MPa。而 M-5 材的断面收缩率、捻股值仍保持良好水平。添加 Mn 的效果也可使钢材强度提高，即使 Mn 量达 1.2%时对韧性也不会产生影响。对添加 Cr 的 φ4.5mm 线材，经低温退火后，其韧性保持不变，屈服强度获得改善，这很适合作为弹簧用钢。图 2-51 所示回转弯曲疲劳特性，M-1、M-4、M-5 的 φ4.5mm 钢丝，添加 Mn-Cr 后的 M-4、M-5 较普通材 M-1，回转疲劳特性提高。表 2-11 中所列 φ2.9mm 钢丝，Mn 和 Cr 增加量对强度、韧性提高明显，但对松弛的影响并不明显，这十分满足 PC 线用钢要求。

表 2-11　添加 Mn 、Cr 线材的力学性能

钢种	化学成分/%			φ4.5mm 钢丝（350℃×15min 退火）				φ2.9mm 钢丝（350℃×30s 退火）		
	C	Mn	Cr	抗张强度/MPa	屈服强度/MPa	断面收缩率/%	捻股值	抗张强度/MPa	断面收缩率/%	松弛值/%
M-1	0.78	0.84	0.04	1670	1480	44	29	1980	44	3.5
M-2	0.78	0.49	0.50	1720	1570	52	28	2070	47	2.6
M-3	0.80	0.80	0.52	1760	1620	45	26	2120	40	1.9
M-4	0.78	1.20	0.52	1760	1610	49	32	2140	44	1.5
M-5	0.77	0.81	0.98	1870	1790	48	31	2340	35	1.2

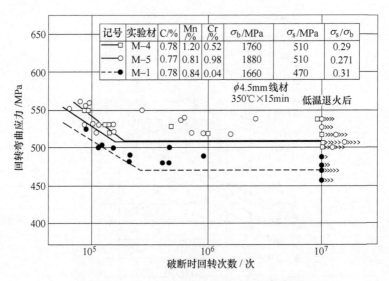

图 2-51　添加 Mn 和 Cr 的线材的回转疲劳特性

2.2.3　结论

高碳钢中添加 Al、Ti、Si、Cr 和 Mn 等元素对拉拔硬线的力学性能影响结论为：

（1）添加 Al 量在 0.03% 以上时，钢中的固溶 N，其全 N 量在 0.006% 以上时，可使钢材的晶粒细化，拔丝性、韧性和抗疲劳性提高。

（2）添加 Ti 与 Al 相比，在同样的条件下，也可使钢的拉拔性、韧性和疲劳性提高，但在 Ti 含量达 0.1% 以上时，会造成非金属夹杂物含量增大，使钢的韧性下降。

（3）随 Si 含量增加，钢的强度提高，抗松弛性能提高。但在 Si 含量较少时，钢的强度下降，韧性、抗疲劳性提高。

（4）添加 Cr，可使钢材的强度提高。

（5）添加 Mn、Cr，可获得高强度和高韧性。

2.3　高强高碳镀锌钢丝的开发

高强度高碳线材的成分为 C 0.85%、Mn 1.19%、Si 1.19%。经过铅淬处理后，其抗张强度比一般高碳钢线材高 170MPa。采用这种线材，为防止产生应变，直接冷拉拔成钢丝，在这种实验的基础上，开发了直径为 5mm、6mm、7mm 的高强度大直径镀锌钢线。

实验证实，这种新型的 Si-Mn 镀锌钢丝比普通高碳钢镀锌钢丝在疲劳寿命和抗张强度上分别高出 70~100MPa 及 200~300MPa，而对韧性无任何影响，在经

10h 应力作用后，其松弛值仅为高碳镀锌钢丝的 1/3。实验证明，这种新开发的高强 Si-Mn 镀锌钢丝能够满足作为大跨度悬索桥钢缆用钢丝，也可用于其他方面。

2.3.1 概况

高强镀锌钢丝用于桥梁钢缆、混凝土用钢筋、钢丝绳、钢绞线等，而且其成本比其他钢种还便宜。

这种高强高碳钢丝的生产存在如下技术难题：

（1）采用铅浴淬火生产高强度大直径钢丝的困难在于其中心与外表面之间存在很不同的冷却速度。

（2）在拉拔中因加工硬化造成应变时效的脆性。

（3）在高于 440℃ 镀锌时，钢丝显示出明显的软化。

我们现在的研究目标是要解决上述问题，现已获得如下成果：如（1）指出的高强度、大直径淬火钢丝通过提高其 Si、Mn 含量来克服心部与表面存在很大冷却速度差的问题。对第（2）个问题，是采用直接冷拉拔系统可防止产生应变时效。对第（3）个问题，可以通过加 Si 来抵消在镀锌过程中钢出现的软化问题。实验结果证实了高强大直径镀锌钢丝比普通钢丝抗张强度高 200~300MPa。下面将介绍一下我们开发的这种钢丝生产工艺和有关性能的情况。

2.3.2 实验方法

表 2-12 显示所选用钢种的成分及线材尺寸。实验钢种含 Si 及 Mn 各为 1.19%，对比钢种选用 SWRS 80B（TISG3502）。

表 2-12 选用线材的化学成分及尺寸

钢种	化学成分/%							棒材尺寸 /mm	实验后线材尺寸 /mm
	C	Si	Mn	P	S	Al	N		
Si-Mn 钢	0.85	1.19	1.19	0.017	0.014	0.055	0.0044	13	5、6、7
普通高 C 钢	0.78	0.22	0.80	0.014	0.006	0.048	0.0042	10	5
								12	6
	0.82	0.20	0.78	0.010	0.007	0.045	0.0039	13	7

冶炼设备为一座 60t 转炉，Si-Mn 钢轧成 13mm 钢棒，普通高碳钢轧成 10mm、12mm、13mm 钢棒，用 Si-Mn 钢制造的镀锌钢丝直径为 5mm、6mm、7mm，对比用普通高碳钢选用 ϕ10mm、12mm、13mm 线材制造的 ϕ5mm、6mm、7mm 钢丝。

首先比较珠光体转变特点，它的 TTT 曲线采用 Formaster 仪测定。铅淬火，Si-Mn 钢的淬火温度为 575℃，普通高碳钢淬火温度为 540℃，然后经酸洗和被覆膜后将淬火的钢棒先拉拔成 ϕ4.9mm、5.9mm、6.9mm 钢丝。在 150m/min 的精拉速下，生产 ϕ5mm、6mm、7mm 钢丝。在拉拔过程中采用直接冷拉拔系统。为防止拉拔时应变失效，拉拔后镀锌，并对其进行各种专项检测。强度特性是在 Amsler 型拉力实验机上进行的。对钢种韧性评价，是进行扭转和反复弯曲试验，扭转速度 60r/min，在长度为直径 100 倍的尺寸下进行的；反复弯曲试验是在弯曲半径等于细丝直径 5 倍的条件下，每次弯曲 90°，反复弯曲数次，直到发生破断的弯曲次数。

弯曲试样：在 ϕ5mm 的镀锌钢丝上刻一个 70μm 的 V 形缺口，在 ϕ6mm 的镀锌钢丝上刻一个 100μm 的 V 形缺口，在 ϕ7mm 的镀锌钢丝上刻一个 150μm 的 V 形缺口，自缺口处施加压力，对所获数值进行比较，以此评价其韧性参数。

同时也作了一个拉压各半的疲劳试验，疲劳强度是一个重要参数，试验采用最小应力 500MPa 和最大应力振幅。在经过 10^7 次之后，未出现疲劳断口，循环速度为 1200r/min。

松弛试验在 20℃、10h 条件下进行，加载到抗张强度的 70%。测量 ϕ7mm 镀锌钢丝珠光体片间距，采用 Hitachi Hu-200 透射电子显微镜，用于制膜的电子抛光液采用 90%高氯酸和 10%醋酸。

2.3.3　试验结果及讨论

2.3.3.1　珠光体转变特性

图 2-52 显示了 Si-Mn 钢与普通高碳钢的珠光体转变曲线。普通高碳钢的珠光体转变完成时间达到象鼻子温度 540℃需 20s，而 Si-Mn 钢细珠光体转变完成时间达到象鼻子温度 575℃要长达 300s。

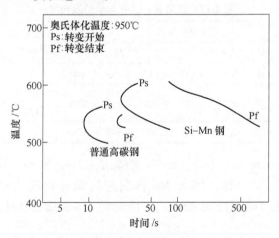

图 2-52　Si-Mn 钢与普通高碳钢线材珠光体转变曲线

图 2-53 显示铅浴淬火处理后力学性能变化（铅浴温度为 530~585℃ 情况下）。

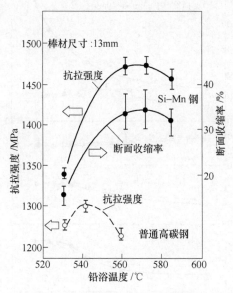

图 2-53 经铅浴淬火后的力学性能

试验结果：Si-Mn 钢的 σ_b 达 1470MPa，比普通高碳钢高 170MPa，其断面收缩率为 34%。

试验结果表明，用 Si-Mn 钢制造的大直径钢棒经铅浴处理强度要高。作者认为这是因为如下原因：

元素硅的原子半径比铁要小，硅在铁素体中有一种固溶强化作用，G. Elucy 和 M. Gensamer 两位先生曾指出：1% 的 Si 可以提高钢的 σ_b121MPa。在本研究中硅按固溶强化作用是与每增加 0.1% 碳可以提高 σ_b100MPa 作假设，按 Mn 在铁素体中固溶强化作用是与每增加 0.1% 碳可以提高 σ_b 6MPa。图 2-53 显示出普通高碳钢 σ_b 为 1300MPa，Si-Mn 钢 σ_b 为 1470MPa。

通过比较不同含量的碳和锰两类钢，发现在加入 1% Si 时对 σ_b 影响是 116MPa，这一结论对开发通过加 Si 来生产大桥用高强钢丝是一个重要贡献。

2.3.3.2 通过拉拔改变力学性能

图 2-54 显示通过拉拔可以引起 Si-Mn 钢力学性能的变化。结果显示出 Si-Mn 钢在拉拔后比普通高碳钢具有更高强度。也显示出不同的伸长率、扭转值和断面收缩率，它们的拉拔过程是在低于 100℃ 的温度下进行的，例如：Si-Mn 钢在 85.5% 的变形率后拉成 ϕ4.9mm 钢丝并经淬火，其 σ_b 达 2180MPa，其 δ 达 6%，扭转 25 次，断面收缩率 ψ 达 43%，这结果说明采用铅浴淬火 Si-Mn 高碳钢丝可以达到高强、高韧性。

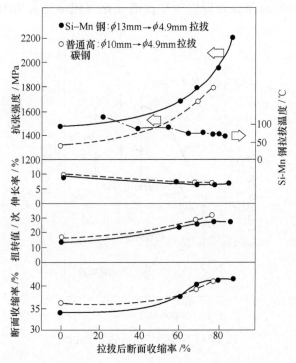

图 2-54　经连续拉拔力学性能的变化

2.3.3.3　镀锌钢丝的性能

A　抗张和扭转性能

表 2-13 显示：直径为 ϕ5mm、ϕ6mm、ϕ7mm Si-Mn 镀锌钢丝的抗张强度 σ_b 分别为 2050MPa、1970MPa、1870MPa。它们同时具有高的抗扭转值，也未因高强度而造成对韧性明显影响。增加 Si、Mn 含量对镀锌钢丝无负面影响。

表 2-13　各种直径镀锌钢丝的抗张强度和抗扭转性能

项　目	Si-Mn 钢			普通高碳钢		
	5mm	6mm	7mm	5mm	6mm	7mm
抗拉强度/MPa	2053	1969	1869	1760	1728	1659
屈服强度/MPa	1780	1720	1620	1500	1452	1390
伸长率/%	6.7	7.4	7.5	6.8	6.8	7.0
断面收缩率/%	41.2	41.9	40 0	41.2	44.8	39.6
杨氏模量/GPa	202	202	202	201	201	201
扭转值/次	24，25	25，26	25，25	26，28	23，25	23，27
镀锌量/g·mm^{-2}	335	342	321	352	336	323

图 2-55 显示了钢丝的 σ_b 与拉拔、与镀锌的关系，在镀锌后，在低抗张强度水平上 Si-Mn 钢强度提高，在高抗张强度水平上有少量软化。

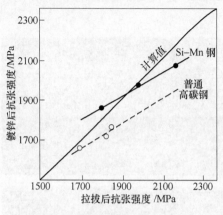

图 2-55　拉拔和镀锌后抗张强度

另外对比普通高碳钢线，在拉拔后经镀锌处理会出现明显软化。因此可以说增加 Si 含量对高强度镀锌钢线是有影响的。A. S. Kennford 和 T. Williams 的报告也报道过由于加入 Si 可以延迟钢的再结晶软化。

图 2-56 显示了钢线直径与最大抗张强度 σ_b、正常扭转断口性能之间的关系，它显示 Si-Mn 钢线比普通高碳钢线具有更高的抗张强度。

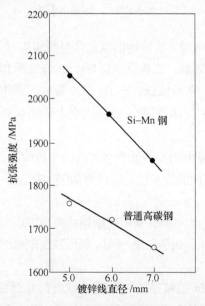

图 2-56　镀锌线直径与抗张强度的关系

B　显微组织

图 2-57 显示了 ϕ7mm 钢线镀锌层情况：在 Si-Mn 钢线中合金层厚度为 28μm，而普碳钢线为 26μm。这说明尽管加 Si 和 Mn，但并没有引起合金层不正常的增长。

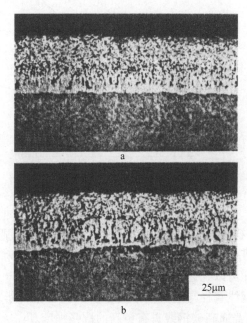

图 2-57　ϕ7mm Si-Mn 钢与普通高碳钢钢线镀锌层情况
a—Si-Mn 钢；b—普通高碳钢

图 2-58 显示出透射电镜下两种钢的珠光体显微组织（ϕ7mm 镀锌线）。这意味着 Si-Mn 钢的片间距是 88nm，而普通钢是 80nm。有文献指出：珠光体的强度是随着片间距减小而增加的。实验验证，Si-Mn 钢比普通高碳钢的 σ_b 高 200MPa，而片间距前者比后者略微粗大（图 2-58），这是由于大部分 Si 固溶在铁素体中的缘故。

C　疲劳强度特性

图 2-59 显示 Si-Mn 钢和普通高碳钢镀锌线的拉拔疲劳曲线持久比（疲劳强度/抗张强度）。两者具有相同的持久比。通过增加钢的抗张强度 σ_b 可以提高Si-Mn 钢的疲劳强度，Si-Mn 钢比 ϕ5mm 普通高碳钢的镀锌线疲劳强度高 100MPa，比 ϕ6mm 普通高碳钢线高 90MPa，比 ϕ7mm 普通高碳钢线高 70MPa，这就是说普通高碳钢丝是因强度高而降低持久比。而这正是 Si-Mn 钢高强度钢线的优点。

D　松弛

图 2-60 显示了 Si-Mn 钢和普通高碳钢镀锌线的松弛曲线，Si-Mn 钢线在 10h 后松弛值为 1.2%，仅是普通高碳钢镀锌线的 1/3，而普通高碳钢镀锌线为

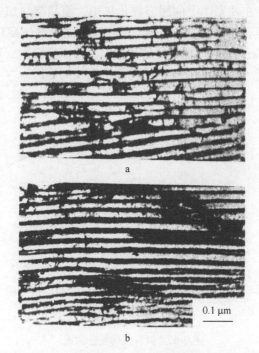

图 2-58 φ7mm Si-Mn 钢与普通高碳钢的显微组织

a—Si-Mn 钢；b—普通高碳钢

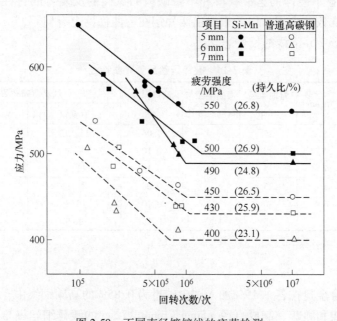

图 2-59 不同直径镀锌线的疲劳检测

3.6%，这是因为 Si 在铁素体中的固溶硬化作用，使晶格增加，造成位错运动困难。根据 S. Taira 理论，高碳钢在松弛与蠕变特性之间有一定的比例关系。减少蠕变值，也能减少松弛值。在超长桥的建设中需低蠕变特性，这正是通过添加高硅量，可以获得具有优良抗蠕变性能的高强度钢线的原因。

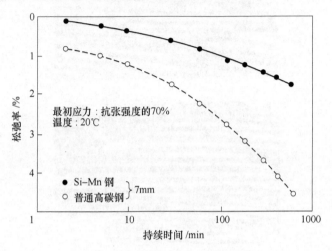

图 2-60　镀锌线的松弛曲线

E　韧性

表 2-14 显示镀锌钢丝带缺口和不带缺口的试样的反复弯曲特性。因有缺口使弯曲断裂次数减少了，但并未看出两种钢在弯曲韧性上有何不同。通过高强度化并未造成 Si-Mn 钢线的韧性恶化。

表 2-14　镀锌钢丝反复弯曲特性

合金	尺寸/mm	弯曲半径/mm	弯曲半径与钢丝尺寸比	缺口深度/mm	反复弯曲断裂值	
					有缺口	没有缺口
Si-Mn 钢	5	25		0.06	11, 12	26, 24
	6	30		0.10	9, 9	25, 23
	7	35	5.0	0.14	11, 9	26, 25
普通高碳钢	5	25		0.08	8, 11	29, 25
	6	30		0.10	10, 8	24, 27
	7	35		0.16	9, 9	24, 24

2.3.4　结论

硅和锰合金量按各 1.19% 加入到含碳量为 0.85% 的高碳钢线中，然后经过铅浴淬火、拉拔和镀锌，制成直径 ϕ5mm、6mm、7mm 的镀锌细丝，与普通高碳钢相比，结果如下：

（1）Si-Mn 钢珠光体转变的象鼻子向高温方向移动，而且转变时间延长。

（2）ϕ13mm 的 Si-Mn 钢丝 σ_b 可达 1470MPa，比普通高碳钢高 170MPa（是在铅浴淬火后），这是由于硅在珠光体中固溶强化的影响。

（3）采用一种直接冷拉拔系统，使钢丝的拉拔温度控制在 100℃ 以下，高的强度对 Si-Mn 钢的强度和韧性没有明显影响，例如 ϕ4.9mm 钢的 σ_b 达 2180MPa（在拉拔后），对伸长率和韧性无任何负面影响。

（4）ϕ5mm、6mm、7mm Si-Mn 钢丝的 σ_b 为 2050MPa、1970MPa、1870MPa（镀锌后），它们比普通高碳钢高 200~300MPa。同时在高强度的 Si-Mn 钢中增加硅含量可以提高钢丝在镀锌过程中抗软化能力。

（5）Si-Mn 镀锌钢丝疲劳强度的拉压范围为 430~550MPa，比普通高碳钢丝的疲劳强度高。它们也显示出良好的抗松弛性能，其值仅为普通高碳钢丝的 1/3。

3　日本合金钢棒线材生产技术

3.1　日本合金钢棒材生产技术

合金钢棒线材是汽车工业、机械工业、能源交通工业制造设备和零件的关键材料，合金钢棒线材主要用于生产齿轮钢、轴承钢、弹簧钢、阀门钢、易切削钢、冷镦钢、不锈钢和钢帘线、预应力钢丝、高强钢缆等。日本在合金钢棒线材生产上很有技术特色，为帮助我国冶金企业开发高质量的合金钢棒线材，我们将日本先进的合金钢棒线材生产技术介绍给国内同行。

3.1.1　日本棒材生产企业的基本情况

3.1.1.1　主要生产厂

日本现有棒材生产厂共 8 家，即神户制钢的神户制铁所、新日铁的室兰厂、住友的小仓厂、川崎制铁的水岛厂、大同制钢的知多厂、爱之制钢的 4 压厂、山特的姬路厂、JFE 的仙台厂。

这 8 个厂中有 5 个厂是 20 世纪 80 年代建成投产的，大同制钢的知多厂是1963 年建设的，2 个厂是 20 世纪 70 年代建设的。这些厂的工艺技术水平很高，是日本汽车工业、机械工业合金钢棒线材的主要供应商。这 8 个厂中有 6 个厂在建成后均经过技术改造，其中神户制钢的棒线材轧机是 1990 年 8 月改造完成的，它是世界上最现代化的棒线材轧机，其产品远销欧美。在这些厂中改造次数最多的要数大同制钢的知多厂，先后在 1976 年、1986 年、1988 年、1989 年进行了 4次改造；其次是新日铁的室兰厂，其先后在 1977 年、1987 年、1988 年进行了 3次改造。这些厂的改造采用最多的新技术是上高精度 KOCKS 轧机，来提高其棒线材的成品精度，满足汽车工业和机械工业越来越高的尺寸精度的要求，采用 KOCKS 轧机可保证成品钢材的尺寸精度达到±0.1mm。

3.1.1.2　各厂生产能力

各厂生产能力见表 3-1。

表 3-1　各厂生产能力　　　　　　　　　　　　　　　　（kt）

项目	神户	室兰	小仓	水岛	知多	4 压	姬路	仙台
棒材	50	34	39	13	52	51	41	17
盘圆	20	11	16	4	0	0	4	24
月产	75	40	65	30	55	65	45	50

从表3-1可以看出：日本棒线材的生产能力在 3~7.5 万吨/月，在 8 个厂中月产超过 4.5 万吨的达到 6 个，其棒线产量比例是 0.68~1.0。

3.1.1.3 各厂生产的棒线材规格

各厂生产的棒线材规格见表3-2。

表 3-2 各厂生产的棒线材规格

项目	神户	室兰	小仓	水岛	知多	4 压	姬路	仙台
棒材直径 /mm	18~105	19~120	18~105	16~85	21~88	20~100	14~90	16~85
盘圆直径 /mm	17~60	19~44	13~50	16~38		16~50	14~38	13~50
线材直径 /mm				5.5~19			5.5~13.5	

从表 3-2 可以看出：日本各厂棒材的生产规格范围很宽，一般为 $\phi 16 \sim$ 120mm，这些棒材主要是供应给汽车机械等行业。盘圆的生产规格也很宽，为 $\phi 13 \sim 60$mm，而且是大盘重，日本可以生产的最大盘重可达 3.5t，主要是为满足标准件行业、汽车行业、造桥、金属制品等行业的要求。

3.1.1.4 各厂生产棒材的钢种比例

日本各厂生产棒材的钢种比例：普碳钢为 0.1%~33.8%，碳结钢为 31%~ 57.5%，合结钢为 3.7%~58.3%。从中不难看出日本各厂是以生产结构钢为主，追求的是高附加值，其比例为 41.7%~96.8%，大多数厂结构钢的比例在 60% 以上，详见表 3-3。

表 3-3 各厂生产棒材的钢种比例 （%）

钢种	神户	室兰	小仓	水岛	知多	4 压	姬路	仙台
普碳钢	27.8	16.1	10.1	6.4		0.1		33.8
碳结钢	41.2	49.1	50	57.5	31	38.5	34.5	35.8
合结钢	13.6	13.1	12.9	3.7	50.9	58.3	44	5.9
弹簧钢	0.1	1.6	6.9		2.5	1.3		0.1
其他	17.3	20.1	19.5	32.3	15.6	1.8	21.5	24.4

注：其他包括不锈、冷镦、气阀等钢种。

3.1.1.5 各厂劳动生产率和小时产量

日本各厂的劳动生产率以神户制铁为最高，达到 4.9t/(h·人)，其他厂为 2.65~4.1t/(h·人)。轧机的小时产量以神户制钢最高，为 137.3t/h。

3.1.1.6　各厂所用的钢坯断面尺寸和单重

日本各厂所用钢坯尺寸主要以 150mm×150mm ~ 160mm×160mm 为主，单重多在 2~2.4t；钢坯最大尺寸为 195mm×195mm，最大单重为 3.5t；钢坯最小尺寸为 118mm×118mm，最小单重为 1t。采用单一尺寸钢坯的厂有 3 个，采用 3 种尺寸的厂有 2 个，采用 2 种尺寸的厂有 3 个。各厂均以连铸坯为主，连铸比最高达 99.5%（仙台厂），最低是知多厂为 54%，大多数的连铸比在 70% 以上。

3.1.2　各厂主体设备情况

3.1.2.1　加热炉

这 8 个厂全部采用步进式加热炉。加热能力有 6 个厂是 150t/h，设计加热能力最大的是神户制铁的棒材厂，为 180t/h。设计加热能力最小的是知多厂，为 130t/h。

3.1.2.2　高压水除鳞

有 5 个厂设有高压水除鳞，水压为 10~15MPa，这 5 个厂的高压水除鳞装置安装在粗轧机前，神户和仙台厂还在精轧机前安装了高压水除鳞。

3.1.2.3　轧机构成

各厂轧机构成见表 3-4。

表 3-4　各厂轧机构成

项目	神户	室兰	小仓	水岛	知多	4压	姬路	仙台
结构形式	平立交替	平立交替	平立交替	平立交替	平立交替	平立交替	平立交替	平立交替
轧机构成	8 架	6 架	8 架	6 架	4 架	6 架	8 架	8 架
粗轧	4 架	4 架	4 架	6 架	6 架	4 架	6 架	4 架
中轧	4 架	4 架	4 架	6 架		7 架	6 架	4 架
预精轧	KOCKS	平立	KOCKS		平立	KOCKS	KOCKS	平立
精轧	5 架	6 架	5 架		4 架	3 架	3 架	4 架

从表 3-4 中可以看出：这 8 个厂的轧机布置均是采用平立交替，粗轧机组由 4~8 架轧机组成，多为 8 架；中轧机组由 4~6 架组成，多为 4 架；精轧机组由 4~7 架组成，多为 4 架。成品的高精度轧机以 KOCKS 轧机最多，共有 5 个厂采用，还有 3 个厂采用规圆机。日本各厂轧机采用平立交替布置，主要是为了生产高质量的棒线材，保证棒线材的表面质量和加工性能。

3.1.2.4　水冷带

设置中间水冷带的有神钢、室兰和仙台 3 个工厂。水冷带长度：神钢为 7m，最大用水量 350t/h；室兰为 4m×4，仙台为 4m×3，最大用水量为 120t/h。

成品水冷带长度：神户为 30m，最大用水量 700t/h；室兰为 19m，仙台为 30m，最大用水量为 970t/h。

3.1.2.5　冷床

日本 8 个厂均采用步进式冷床，其中神户的冷床为 120m×16m，室兰冷床为 90m×16m，小仓冷床为 92m×14m，水岛冷床为 132m×15m。

3.1.3　棒材加工

3.1.3.1　矫直机

各厂均采用二辊斜置式矫直机及多辊矫直机。

二辊斜置式矫直机主要性能参数：

可矫直棒材的直径为 38~105mm；

可矫直棒材的抗张强度为 1200MPa；

可矫直棒材的长度为 3.5~8m；

最大矫直速度为 45~90m/min；

所用矫直辊硬度为 HS 80±2；

矫直机电机为 90kW、3 相、440V、60Hz；

所用矫直辊的成分（%）为碳 0.14~0.16，硅 0.40，锰 0.60，磷及硫 0.30，铬 1.1~1.3，钼 0.8~1.2，钒 0.2~0.5，铜 0.25，镍 0.50。

多辊矫直机性能参数：

可矫直棒材的直径为 20~55mm；

可矫直棒材的长度为 3.5~7m；

矫直速度为 45~90m/min；

矫后棒材弯曲度为 1.5mm/m。

这两种类型矫直机的主要区别在于二辊矫直机有利于棒材两端的矫直，而多辊矫直机矫直棒材两端的效果不如二辊式。

3.1.3.2　棒材检查

A　内部缺陷检查

各厂均采用超声波探伤仪，该仪器的灵敏度为 10dB，0.2mm 以上的缺陷均可监测出，并可以对缺陷进行自动标记。

其探伤的盲区为前后 50mm。

B　表面缺陷检查

各厂采用电磁探伤仪，其灵敏度为深度 0.3mm、宽度 0.2mm、长度 150mm 的人工缺陷，伤波可达满屏 60%。检查精度：对 0.1mm 深的缺陷检出率为 30%，0.2mm 深的缺陷检出率为 60%，0.3mm 深的缺陷检出率为 90%，0.4mm 深的缺陷检出率为 100%。还可对检出的缺陷进行自动刻标，适合直径为 20~60mm 的棒材探伤，盲区为前后端各 100mm。

磁粉探伤：各厂对表面质量要求高的棒材采用磁粉探伤。磁粉探伤所发现的缺陷还要用人工肉眼判别。

　　C　几何尺寸的检查

　　各厂均采用在线自动检查，多数厂是采用日本岛津产的投影式回转测径仪，它可对运行中的棒材外径自动进行连续测定，小直径棒材的测量精度达±0.03mm，大直径棒材的测量精度可达±0.06mm以下。

　　D　棒材的打捆

　　各厂均设有对棒材端头倒棱和打印的设备，并可根据用户的需要进行打捆，其打捆机的夹持力为3500N，打捆时间为12s。

3.1.4　日本合金钢棒材生产技术主要特点

　　（1）采用大断面钢坯。为了保证成品钢材的性能，日本各厂均采用大断面连铸坯为原料，这些连铸坯一般是经过初轧机轧成方坯后供给棒材轧机。从表3-5可以看出：日本各厂为控制成品质量，均采用很高的压缩比。各厂采用的方坯断面尺寸为150mm×150mm～180mm×180mm，各厂从连铸坯到成品的压缩比为220～1130。

表 3-5　各厂采用的连铸坯尺寸及压缩比

项目	神户	室兰	小仓	水岛	知多	4压	姬路	仙台
连铸坯尺寸/mm×mm	380×483	250×250	300×400	300×400	380×480	370×480	370×470	310×400
方坯尺寸/mm×mm	155×155	162×162	180×180	150×150	153×153	160×160	160×160	160×160
连铸坯/方坯压缩比	7.64	2.38	3.70	5.34	7.78	6.94	6.79	4.84
最小成品尺寸/mm	$\phi18$	$\phi19$	$\phi18$	$\phi16$	$\phi21$	$\phi28$	$\phi14$	$\phi16$
连铸坯/成品压缩比	721	220	472	600	526	288	1130	617
方坯/成品压缩比	94.6	92.6	127	112	67.6	42	166	127

　　（2）各厂非常重视坯料质量。各厂均设有钢坯修磨工序，不少厂已上在线钢坯检查修磨作业线。作业线一般采用计算机控制，可以自动检查钢坯表面质量，并可对缺陷进行自动标志，对有缺陷的钢坯用硬质合金刀具组成的修磨机进行局部或全长处理后，再供给棒材轧机轧制。这样一来就保证了供棒轧机的原料质量是无缺陷坯。

　　（3）各厂均采用高刚度全线无扭微张力全连续轧制技术。为提高轧机的刚度，各厂多采用短应力线轧机，为减少机件的弹跳，采用高精度轧辊轴承。对于高精度棒材生产，不少厂采用精密的KOCKS轧机作为成品轧机。为保证成品钢材的表面质量，防止出现线纹、发纹等表面缺陷，均采用全线平立交替直线式布置。为保证轧件尺寸精度，多在粗轧机组采用微张力控制，在中轧、精轧机组采用无张力控制，从而保证了成品钢材通条尺寸的稳定性。

（4）各厂采用了控制轧制和穿水控冷技术。一般各厂均在精轧机组前设置了中间水冷带，这样一来可控制成品的终轧温度和钢材的金相组织，采用此工艺可以生产非调质钢。在精轧机组后设置了成品水冷带，用以控制轧件的冷却速度，利用轧后余热对轧件进行热处理，生产汽车、机械行业所需的齿轮钢、轴承钢、气阀钢、冷镦钢、弹簧钢等。

（5）各厂生产作业大部分采用计算机进行管理，大多数厂已实现生产的区域自动化和全线自动化。神户制钢的棒材厂已实现了全线自动化管理，其棒材生产从钢坯入厂、装炉、加热、出钢、轧制、冷却、剪切、打印、计量到打捆，全线采用计算机管理，可实现无人操作。整个系统具有对钢坯自动跟踪几何尺寸的自动检查和缺陷的自动检测报警等功能。

3.2　日本合金钢线材生产技术

3.2.1　日本主要线材生产企业

日本主要线材生产企业约有 11 个（见表 3-6），生产能力最大的是神户制钢的 8 线材厂，其设计生产能力为 90 万吨/年。其余各厂的生产能力为 36 万~60 万吨/年。小时产量最高的也是神户制钢的 8 线材厂，为 180.1t/h，其余各厂为 70~120t/h。出口速度最高为新日铁的水岛厂 118m/s，一般为 60~110m/s。

表 3-6　各厂设计能力、小时产量及轧制速度

项目	神钢 7线	新日铁 室兰	新日 铁光	大同 星崎	大同 知多	川铁 水岛	神钢 8线	新日铁 室石	新日铁 君津	住友 小仓	JFE 仙台
设计能力 /kt·月$^{-1}$	4.5	33	15	19	34	30	115	54	75	55	50
小时产量 /t·h^{-1}	81.5	74.5	42.2	35.3	65.5	54.3	180.1	95.9	96.7	123.8	127.8
ϕ5.5mm 轧制 速度/m·s^{-1}	94.5	102	103	66	110	118	90	73.5	65	77	60

3.2.2　日本各线材厂的钢种构成

日本各线材厂的钢种构成见表 3-7。

表 3-7　日本各线材厂的钢种构成　　　　　　　（%）

项目	神钢 7线	新日铁 宝兰	新日 铁光	大同 星崎	大同 知多	川铁 水岛	神钢 8线	新日铁 室石	新日铁 君津	住友 小仓	JFE 仙台
低碳钢	0.7	9.5	0.2	—	—	2.3	21.6	23.6	21.2	16.3	35.8
中高碳钢	1.6	4.5	5.6	—	—	33.1	40	27.4	23.9	14.7	27.5

续表 3-7

项目	神钢7线	新日铁宝兰	新日铁光	大同星崎	大同知多	川铁水岛	神钢8线	新日铁室石	新日铁君津	住友小仓	JFE仙台
冷镦钢	54.5	46.9	—	—	—	8.2	12	3.5	9.9	22.7	10.6
琴丝钢	0.2	1.8	2.8	—	—	7.1	15	27.1	38.9	18.7	2.5
焊条钢	0.5	—	0.5	3.2	2.2	16.4	11.3	9.5	6.1	4.5	
低合金钢	12.4	7.1	—	53.7	95.5	4.9	—	1.6	—	8.5	6.1
不锈钢	0.4	—	76.6	43.1	2.3	—	—	—	—	0.1	
其他	29.7	30.2（易切）	14.3	2.3	—	27.4	0.1	7.3	—	14.5（易切）	17.5

3.2.3　各线材生产企业所用原料尺寸及成品规格

各线材生产企业所用原料尺寸及成品规格见表 3-8。

表 3-8　各线材生产企业所用原料尺寸及成品规格

项　目	神钢7线	新日铁室兰	新日铁光	大同星崎	大同知多	川铁水岛
初轧坯或连铸坯/mm×mm	300×430	250×250	315×315	380×480	380×480	300×400
小方坯/mm×mm	155×155	162×162	150×150	145×145	153×153	150×150
成品规格/mm	φ5~22	φ5.5~18.7	φ5.5~30	φ5.5~17	φ7~44	φ5.5~19
连铸比/%	72.3	96.7	95.7	46	33	98.1

项　目	神钢8线	新日铁室石	新日铁君津	住友小仓	JFE仙台
初轧坯或连铸/mm×mm	380×430	305×502	305×502	300×400	310×400
小方坯/mm×mm	115×115	122×122	122×122	125×125	116×116
成品规格/mm	φ5~16	φ5~14	φ5~14	φ5~18	φ5.5~16
连铸比/%	99.4	98.5	85.2	80.7	99.5

从表 3-8 可以看出，各线材厂所用坯料基本上是大连铸坯，经连轧成小方坯，然后供线材轧机使用。从坯到线材压缩比最高达 726∶1，最小也在 164∶1。各厂连铸比与其所产钢种有关，最高 99.5%，最低 33%。

3.2.4　各企业主要设备

3.2.4.1　加热炉

加热炉加热能力见表 3-9。

表 3-9 各厂加热炉加热能力

项目	神钢 7线	新日铁 室兰	新日 铁光	大同 星崎	大同 知多	川铁 水岛	神钢 8线	新日铁 室石	新日铁 君津	住友 小仓	JFE 仙台
加热能力 /t·h⁻¹	80	95	120	35	70	150	250	130	165	154	160

日本线材厂绝大部分是采用步进式加热炉，在具体炉型选择上又分为步进梁式和步进底式。小时加热能力以神钢8线为最大，达250t/h。

3.2.4.2 轧机组成

轧机组成见表3-10。

表 3-10 各厂轧机组成

项目	神钢 7线	新日铁 室兰	新日 铁光	大同 星崎	大同 知多	川铁 水岛	神钢 8线	新日铁 室石	新日铁 君津	住友 小仓	JFE 仙台
粗轧机列	平立交替共8架辊径 φ570~480mm	平立交替共8架辊径 φ560~520mm	8架水平辊径 φ480~407mm	一架粗轧辊径 φ600mm	6架平立交替辊径 φ590~420mm	平立交替共8架辊径 φ630~440mm	七架水平辊径 φ550~460mm	8架水平辊径 φ580~460mm	7架水平辊径 φ521~458mm	7架水平辊径 φ540~480mm	7架水平辊径 φ521~457mm
一中轧机列	平立交替共6架辊径 φ480~430mm	平立交替共8架辊径 φ430~370mm	8架水平辊径 φ407~340mm	平立交替共5架辊径 φ400~360mm	平立交替共5架辊径 φ440~360mm	平立交替共6架辊径 φ460mm	4架水平辊径 φ400mm	4架水平辊径 φ410~400mm	6架水平辊径 φ458~404mm	8架水平辊径 φ480~610mm	8架（3架水平5架平立交替）辊径 φ403~292mm
预精轧机列	平立交替共6架辊径 φ370mm	平立交替共4架辊径 φ330mm	平立交替共4架辊径 φ330mm	平立交替共6架辊径 φ320mm	平立交替共8架辊径 φ340~280mm	平立交替共6架辊径 φ365mm	平立交替共4架辊径 φ300mm	4架水平辊径 φ360mm	2架水平辊径 φ293mm	2架水平	
精轧机列	45°无扭共8架辊径 φ210~159mm	45°无扭共8架辊径 φ216~158mm	45°无扭共10架辊径 φ210~159mm	45°无扭共10架辊径 φ210~170mm	45°无扭共8架辊径 φ210~170mm	45°无扭共10架辊径 φ210~159mm	45°无扭共10架辊径 φ210~159mm	45°无扭共10架辊径 φ210~159mm	45°无扭共10架辊径 φ206~156mm	45°无扭共10架辊径 φ210~159mm	45°无扭共10架辊径 φ210~159mm
总机架数	28架	30架	30架	22架	31架	28架	25架	26架	25架	27架	25架

从表3-10看出，日本二线类线材轧机组成基本采用全线无扭无张工艺，粗轧、中轧及预精轧均为平立交替布置，精轧采用45°无扭轧机。四线类线材轧机

组成基本采用水平轧机，只有精轧采用45°无扭轧机。

3.2.4.3　水冷带

水冷带性能参数见表3-11。

表 3-11　各厂水冷带性能参数

项目	神钢7线	新热铁室兰	新热铁光	大同星崎	大同知多	川铁水岛	神钢8线	新日铁室石	新日铁君津	住友小仓	JFE仙台
中间水冷带	设在20H与21V之间	设在16H~17V及20H~23V之间	无	12H~13V之间	有	在18H~19V之间	无	无	无	设在17H~18V之间	无
成品水冷带	19.6m 3段 水量 350t/h	33.1m 5段 水量 720t/h	21.6m 4段 水量 327t/h	16.7m 3段 水量 180t/h	31.9m 4段 水量 660t/h	31.3m 4段 水量 1087t/h	12.8m 2段 水量 270t/h	22.7m 6段 水量 232t/h	12.7m 4段 水量 232t/h	14.5m 2段 水量 525t/h	13.6m 2段水量 217t/h

3.2.4.4　在线检测设备

在线检测设备见表3-12。

表 3-12　在线检测设备

设备	神钢7线	新热铁室兰	新热铁光	大同星崎	大同知多	川铁水岛	神钢8线	新日铁室石	新日铁君津	住友小仓	JFE仙台
热涡流探伤仪	中间机列出口和成品出口各1台	中间机列出口和成品出口各1台	成品出口1台	成品出口1台	中间机列出口和成品出口各1台	成品出口1台	成品出口1台	成品出口1台	成品出口1台	成品出口1台	成品出口1台
热尺寸测定仪	中间机列出口和成品出口各1台	中间机列出口和成品出口各1台	成品出口1台	无	无	中间机列出口和成品出口各1台	无	中间机列出口和成品出口各1台	中间机列出口和成品出口各1台	无	成品出口1台

3.2.5　日本线材占其钢材总量的比重及主要企业年产量

（1）在钢材总量中的比重：钢板49.3%；钢管10.5%；条钢40.2%，其中棒材 21.4%、型钢 11%、线材 7.8%。

（2）在普通钢材中的比重：钢板 52.9%；钢管 9.5%；条钢 37.6%，其中棒材 18.6%、型钢 13.4%、线材 5.6%。

（3）在特殊钢材中的比重：钢板 34.9%；钢管 14.4%；条钢 50.8%，其中：棒材 33%、型钢 1.3%、线材 16.5%。

（4）日本主要线材生产企业年产量：神钢 300 万吨；新日铁 210 万吨；住友 66 万吨；大同 64 万吨；川铁 54 万吨；其他 200 万吨。

3.2.6 介绍几种典型金属制品生产工艺

3.2.6.1 冷镦用钢

（1）常用钢种：碳钢、锰钢、铬钢、钼钢、铬钼钢、镍铬钼钢等。

（2）冷镦钢（零件）主要生产工艺：

1 类工艺：棒线材—退火—酸洗脱鳞脱脂+涂石灰（膜）—粗拉拔—球化退火—酸洗+磷化被膜—精拉拔—冷镦—热处理—成品。

2 类工艺：棒线材—酸洗+石灰被膜—精拉—冷镦—热处理—成品。

3.2.6.2 制绳

（1）钢种：中高碳钢（JIS SWRH52-82，JIS SWRH37-47）。

（2）生产工艺：经 Stelmor 控冷的线材 ——— 除鳞—粗拉拔—铅溶淬火—酸洗—涂层普通线材—铅溶淬火 ——— 或镀锌—精拉（丝）—捻股—合股—成绳

3.2.7 几种关键产品

3.2.7.1 钢索吊桥用钢线

钢索吊桥用钢线为高强镀 Zn 钢线，经拉拔+稳定化（410℃低温退火+$0.4\sigma_s$ 低应力+镀 Zn）工艺生产。

日本从明石大桥到濑户大桥，全部采用悬索大桥，整个桥加上车辆荷重全靠钢索承受。日本用来制造钢缆的线材规格为 $\phi10\sim11mm$，经拉拔成 $\phi5mm$ 线材，全长超过 3000m。表面质量要求严格，要求尺寸公差 ±0.01mm，表面裂纹小于 0.01mm，脱碳层不大于 0.04mm，钢中夹杂物浓度小于 0.018%，Zn 层 $367\sim390g/m^2$，钢种采用 Si-Mn 合金钢，成分（%）为：

C	Si	Mn	P	S	Cu	Ni	Cr
0.8~0.85	0.8~1.0	0.6~0.9	≤0.025	0.025	≤0.06	≤0.06	≤0.06
±0.02		±0.04					

力学性能为：$\sigma_b = 1830\sim1890MPa$；$\sigma_s = 1570\sim1620MPa$；$\delta = 6.2\%\sim7\%$。

我国主缆钢丝尺寸为 $\phi5.35mm^{+0.08mm}_{-0.05mm}$。化学成分（%）为：

C	Si	Mn	P	S	Cu	非金属夹杂
0.75~0.85	0.12~0.32	0.6~0.9	≤0.025	≤0.025	≤0.2	≤0.1

力学性能为：$\sigma_b \geqslant 1600MPa$；$\sigma_s \geqslant 1180MPa$；$\delta \geqslant 4\%$；扭转实验缠绕 6 圈。

3.2.7.2　轿车轮胎用钢帘线

为减轻车重，希望钢帘线细而强度高；钢帘线在行驶过程中承受巨大冲击和往复应力作用，这就要其具有高的韧性和疲劳强度。

（1）钢帘线现已达到 C 含量为 0.82%，$\sigma_b = 3250MPa$ 规格为 3×0.2mm ~ 6×0.38mm。其生产工艺为：以 ϕ5.5mm 线材为原料—粗拔（ϕ3mm）—酸洗—中拔（ϕ1.6~0.8mm）—酸洗—镀铜—湿拔（ϕ0.15~0.38mm）—卷线。

（2）钢种：JISSWRS 67A 或 A，KSC70（Kobe Steel's Bromd Name）。KSC70 化学成分（%）为：

C	Si	Mn	P	S	Cu	Ni	Cr
0.68~0.73	0.15~0.30	0.40~0.65	≤0.020	≤0.02	≤0.05	≤0.05	≤0.05

（3）帘线种类：见表 3-13。

表 3-13　帘线种类

项　目		卡车或大轿车			小轿车	
帘线种类		(1×3+6)+1	(1×4+6×4)+1	(1×4+6×4)+1	3×3	4×4
帘线直径/mm		1.2	1.2	1.2	0.77	0.71
帘线强度/MPa		1750	1650	1750	560	510
帘线单重/g·mm^{-1}		160	183	183	546	585
帘线心部钢丝	直径/mm	0.2		0.18	0.18	0.15
	强度/MPa	2550~2850		2550~2900	2550~2900	2600~2450
帘线边部钢丝	直径/mm	0.38				
	强度/MPa	2300~2600				
帘线外部钢丝	直径/mm	0.15	0.15	0.15		
	强度/MPa	2600~2950	2600~2950	2600~2950		

3.3　神户制铁所合金钢棒线材生产线工艺与设备

世界上最大的合金钢棒线材生产线是 1984 年 4 月在神户制铁所建成投产的。这条生产线设计能力为 7.5 万吨/月，产品规格为 ϕ12~120mm 的棒线材。该条生产线采用了最新的轧制工艺，采用计算机进行自动加热、无张力轧制，水冷和优化剪切，这些措施使其产品具有低生产成本和高的质量。

新的棒线材厂是 1982 年 7 月开始建设，经 1 年 9 个月建设在 1984 年 4 月棒材生产线首先建成投产，1985 年 6 月线材生产线也相继建成投产。1989 年又建成了高精度的 KOCKS 轧机，从而使得这条生产线成为世界上装备水平最先进、工艺流程自动化程度最高、产品质量最好的合金钢棒线材生产线。

3.3.1 神钢棒线材生产线特点

3.3.1.1 具有高的轧制精度

为保证高的轧制精度，所有机架采用短应力线的高刚度机架，同时在轧制工艺控制上采用神钢-三菱联合开发的 KMTC（Kobe Mitsuhishi Tension Control）张力控制系统。在钢坯加热上采用计算机自动控制加热和炉内气氛，保证加热温度在钢坯全长方向的均匀性。为生产汽车用高精度棒材，在精轧后 1989 年又增加了 KOCKS 轧机。现在其轧制成品精度可达 AISI 标准对棒材精度的最高要求——公差的 1/2 目标，即 ±0.1mm。

3.3.1.2 能严格控制钢坯表面缺陷和脱碳层厚度

由于采用步进式炉加热，在加热过程中，钢坯与滑道之间无摩擦，在出钢时采用出钢机，因此也不会造成钢坯的划伤。

采用 ACC（Automatic Combustion Control）系统自动控制加热，可以对钢坯加热温度、钢坯在炉内停留时间、脱碳层等进行有效控制，再加上整个轧制过程中和精整加工过程中，钢材的输送全部采用辊道，这样可以防止在轧件输送过程中造成热划伤和碰撞伤的产生。

3.3.1.3 可实施控制轧制和控制冷却

为满足汽车等用户对在线热处理钢材的需要，在精轧机前设有中间水冷带，在其后又设有成品水冷带。水冷带是神钢自己开发的，采用浸渍式水冷方式，这种方式冷却能力强。神钢开发的控制轧制、控制冷却工艺，可以实现对钢坯出炉温度、轧制温度、冷却水量的前馈和反馈控制。有了控制冷却，就省去了原有的离线淬火和回火，同时使在线生产非调质钢成为可能。

3.3.1.4 可对钢材弯曲度进行控制

由于全部采用步进式冷床，可以保证成品钢材的弯曲度控制在 2mm/m 以下。步进式冷床的速度是可控的，盘卷的速度也是可控的，同时剪切断面的形状也可以控制。

3.3.1.5 能满足用户对大盘卷的需要

这条生产线可以生产的盘卷重量最大可达 3.5t，线径最大为 60mm，卷取方向可根据用户要求进行。

3.3.2 主要设备参数

3.3.2.1 产品大纲

产品大纲见表 3-14。

表 3-14 产品大纲

所用钢坯尺寸/mm×mm×m	118×118×(8.5~12.5) 155×155×(8.5~12.5) 195×195×(6~12.5)
成品尺寸/mm	圆钢：18~105 方钢：40~90 螺纹钢：19~76 角钢：39~80 大盘卷圆钢：最大直径60
成品长度/m	3.5~15

3.3.2.2 工厂平面布置

生产线全长 410m，建筑面积 67350m²。工厂平面布置如图 3-1 所示。

3.3.2.3 加热炉

钢坯是用 13t 吊车吊到上料台架上，在台架上人工对钢坯进行表面质量检查，同时自动称重和测定钢坯长度，磅秤的精度为 ±2kg。钢坯从加热炉侧面装入。根据钢坯长度，自动确定钢坯在炉内位置。钢坯在炉内要经预热、加热和均热，然后由侧面出炉。

这是一座 6 段式加热炉，它可以对钢坯四面进行加热，钢坯在炉内每隔 2min 就移动一次，根据不同钢种，可以调整钢坯在炉内停留时间和控制脱碳。

加热采用 Kobe 工艺，根据不同断面、不同钢种，选择最合适的加热温度。加热采用燃料转炉煤气、重油，这样可以节约能源，炉气内 NO_x 少。

加热炉尺寸和参数见表 3-15。

表 3-15 加热炉尺寸和参数

形式	6 段式加热炉
名义加热能力	180t/h
有效长度	26.7m
有效宽度	13.3m
燃料	LD 转炉煤气或重油
烧嘴	预热段　上部 8 个、下部 6 个 加热段　上部 8 个、下部 6 个 均热段　上部 8 个、下部 6 个
装炉出炉方式	炉内辊道

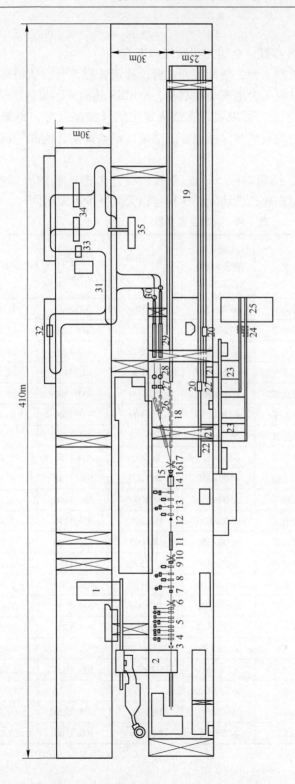

图 3-1 工厂平面布置示意图

1—上料台；2—加热炉；3—高压水除鳞；4—1 号喂料机；5—粗轧机组；6—1 号飞剪；7—2 号喂料机；8—中间机组；9—2 号飞剪；10—激光测径仪；11—中间水冷；12—3 号喂料机；13—精轧机组；14—精密 KOCKS 轧机；15—热缺陷探伤仪；16—激光测径仪；17—3 号飞剪；18—成品水冷；19—冷床；20—冷剪；21—检查台；22—激光打印；23—成品检查台；24—自动打捆；25—上垛；26—线材成品水冷带；27—卷线机；28—移载机；29—散卷运输机；30—挂卷机；31—P-F 线；32—线材冷却；33—称重；34—打捆；35—卸卷

3.3.2.4　轧机

（1）采用全线平立交替布置，全线无扭微张力工艺。

粗轧机列 8 台，中间机列 4 台，精轧机列 4 台，精密轧机 5 台。从粗轧机列到精轧机列全部采用每架轧机 1 台电机单独驱动，KOCKS 轧机采用集体驱动。

（2）采用 KMTC 控制系统，可以实现在线测定中间及成品尺寸，每架轧机转速、压下量等。可根据中间及成品尺寸测定的结果，自动调整轧速和轧机压下量。有关轧机参数见表 3-16。

（3）采用整机架换辊，换辊时间 5min。在轧机设计上把轧机的冷却水管、油管、电器开关等全部固定在轧机牌坊上，这样可以大大减少换辊时间。

表 3-16　轧机主要参数

机　组		轧机形式	轧辊尺寸 直径×辊身 /mm×mm	电机功率 /kW	转速 /r·min⁻¹	减速比
粗轧机组	1	二辊闭口立式	φ720×370	DC550	300/600	37.66
	2	二辊闭口水平	φ720×350	DC900	500/1250	42.20
	3	二辊闭口立式	φ630×280	DC1000	400/1100	24.22
	4	二辊闭口水平	φ620×260	DC1000	400/1100	20.35
	5	二辊闭口立式	φ550×650	DC1000	400/1100	14.07
	6	二辊闭口水平	φ550×550	DC1100	400/1200	10.67
	7	二辊闭口立式	φ550×650	DC1100	400/1200	7.95
	8	二辊闭口水平	φ550×550	DC900	500/1250	7.48
中轧机组	9	二辊闭口立式	φ500×650	DC1200	500/1350	5.29
	10	二辊闭口水平	φ500×550	DC1000	400/1100	3.52
	11	二辊闭口立式	φ500×650	DC1200	500/1350	3.45
	12	二辊闭口水平	φ500×550	DC1000	400/1100	2.25
精轧机组	13	二辊闭口立式	φ450×500	DC1350	500/1350	2.10
	14	二辊闭口水平	φ450×500	DC1100	400/1200	1.49
	15	二辊闭口立式	φ450×500	DC1000	400/1100	1.20
	16	二辊闭口水平	φ450×500	DC1100	400/1200	1.00
精整机组	17	三辊 KocKs	φ500×90			2.652
	18	三辊 KocKs	φ500×90	DC1350×2	500/1000	2.130
	19	三辊 KocKs	φ500×90			1.711/1.817
	20	三辊 KocKs	φ500×90	DC1600	600/1320	1.97/4.717
	21	三辊 KocKs	φ500×90	DC1350	500/1100	1.457/3.195

3.3.2.5 轧机附属设备

（1）喂钢机为液压式，速度 0.15~1m/s。其作用是将从炉内出来的钢坯翻转 45°后，送入粗轧机孔型。

（2）在各机列前设有高压水除鳞装置，水压为 1500MPa。

（3）在粗轧机前设有固定式尺寸测定仪一台，其可测定尺寸范围 φ14~174mm；在中间机列后和精轧机列后也各有一台回转式尺寸测定仪，其可测定尺寸范围 φ14~174mm 和 φ0~80mm。

（4）轧机的压下采用油马达压下。

（5）在轧机的牌坊上设有可以自动更替的各种电器、油、水的接口。

（6）飞剪采用计算机控制，并采取了控制噪声的措施。采用旋转刀片式，1号剪可切钢材尺寸 83mm×83mm，速度 1.2~3.5m/s；2号剪可剪切钢材尺寸 70mm×70mm，速度 2~4.9m/s；3号剪可剪切钢材尺寸 56mm×56mm，速度 3.2~20m/s。

（7）设有中间水冷和成品水冷，可以对棒材和线材进行控制冷却。中间水冷的水量为 200t/h，成品水冷的水量为 450t/h。

（8）冷剪为下剪式，最大剪力 9MN。采用计算机控制，自动运行。可根据钢坯重量、成品长度、切头切尾和订单要求自动配尺，达到最佳成材率。还可自动更换刀具和自动对钢材进行倒棱。

（9）棒材打捆机，打捆直径 100~500mm，打捆用钢丝直径 6mm。

（10）考虑设备的工作环境，对处于腐蚀环境中的设备全部采用不锈钢，包括配管。

（11）考虑低温轧制的需要，主电机和减速机的设计采用 AGMA 规程设计。

（12）冷床是齿条式，长度 120m，宽度 16m。齿间距 120mm，齿数 118 个。

3.3.2.6 线材生产设备

为改善线材的成卷形状，采用水平、垂直二段式吐丝机。根据用户的不同要求，卷线机可以按左、右方向卷取。最大的卷重可达 3.5t。

线材卷取冷却设备参数见表 3-17。

表 3-17 线材卷取冷却设备参数

名　称	主　要　参　数
水冷装置	浸润式喷嘴，共有喷嘴 20 个。5 段水冷段，长度 25m
夹送辊	采用立-平式排列，辊子直径和宽度分别为 300mm 和 84mm。电机功率 AC125kW，转速 850/1500r/min
卷取机	采用吐丝卷取。外径 1350/1450mm，内径 900mm。电机功率 AC1350kW，转速 1200r/min
盘式运输机	长度 32m×2，电机功率 AC30kW，转速 1200r/min
空冷装置	流量 800m³/min，电机功率 AC132kW，转速 1800r/min

线材精整设备参数见表 3-18。

表 3-18　线材精整设备参数

名　称	主　要　参　数
链式运输机	单轨型，长度 580m，挂钩数量 80 个，运行速度 10~30m/min
自动称重	悬挂式，可称重 4000kg，精度 2kg
自动打捆机	可将 4~8 卷线材打成一捆，捆带尺寸 32mm×0.9mm，打捆强度 35t
卸载机	液压式，速度 20~45m/min，最大卸载重量 32t

3.4　大桥主缆用高强度镀锌钢线的开发

在日本，由于明石海峡大桥的建设，设计要求制作大桥主钢缆所用线材必须具备更高强度。为满足设计的要求，开发了一种硅含量为 1% 的低合金钢线材，用其制作的镀锌钢线抗张强度可达 1800~2000MPa。本节主要介绍日本开发的这种高强度大桥用钢线。

3.4.1　大桥主缆用钢线

随着建桥技术的进步，大桥的主缆用钢线的抗张强度也在不断提高。早在 1900 年时，在建设 Williansburg 大桥时，所用钢线的设计强度为 1400MPa。到了 1930 年在建设 MountHope 和 Beujamin Frank 大桥时采用的钢缆钢线强度达到 1500MPa。1931 年在建造美国乔治华盛顿大桥时采用了 1550MPa 的钢线。到了 1970 年在设计开门桥时设计的强度又提高到 1600MPa。从此以后一直到 1990 年在设计 Mthment 大桥时均是采用这一强度。日本在设计连接本州与四国岛的大桥时也是采用了强度为 1600MPa 的钢线，当时用量达 7 万吨。但是，随着科学技术的发展，特别是随着大桥的超长化和大桥工作环境的恶化，为确保大桥的使用安全和寿命，人们对大桥主缆钢线的强度要求进一步提高。

3.4.2　高强度钢线的研究开发

3.4.2.1　高强度钢线的生产工艺

大桥主缆用钢线的制造工艺为：采用高碳钢线材为原料—表面处理—冷拉拔—酸洗—镀锌。高碳钢线材在这几个阶段其强度会发生变化。如 0.77%C 线材通过冷拉拔后其强度可达 1800MPa；0.82%C 及 0.9%Si 线材在冷拉拔后其强度可达 2000MPa。但经过镀锌后，其强度就会下降，如 0.77%C 钢线的强度下降为 1650MPa，0.82%C 钢线的强度下降为 1900MPa。钢线要经过冶炼、连铸、轧制等工序制造。在其拉拔过程中，随着加工硬化，其强度进一步提高。一般是采用直径为 10~17mm 的线材为原料，经过数次拉拔后，变成直径 5mm 的钢线。在拉伸过程中, 线材的减面率为 75%~80%。然后对其镀锌, 就完成了大桥主缆用钢线的制造。由于镀锌的热影响, 钢线的强度下降为 1650MPa 或 1900MPa。从上述对钢线的生产工艺分析, 可以给我们提供研制高强度钢线的基本思路:

(1) 提高所用原料线材的强度。

(2) 提高钢线的拉拔加工度 (增加再加工硬化程度)。

(3) 尽量减小热影响对线材强度的负面影响。

3.4.2.2 高强度钢线制造工艺的选择

(1) 提高所用线材的强度。一般说来, 钢材的强度与其成分是密切相关的, 随着钢材碳含量的提高, 其强度也提高, 但是若碳含量提高过大, 又会造成其韧性的恶化。后来人们研究出通过添加 Mn、Si、P 等元素来提高钢线的强度。然而, 在添加了这些元素后又使钢的相变时间延长, 这会影响生产效率的提高。

(2) 通过加大线材拉拔的加工度 (减面率) 来提高钢线的强度。一般说来, 随着线材拉拔加工度的提高, 可以提高钢线的强度, 但过度增加加工度, 也会造成钢线的韧性恶化。况且, 在一般条件下进一步增加钢线的加工度也是很困难的。

(3) 控制镀锌时因热影响所造成的线材强度降低。镀锌是在大约 450℃ 的铅浴中进行的, 这时钢线的珠光体组织因受热而发生变化, 使钢线的强度降低。为了防止珠光体组织的变化, 可以添加 Si、Cr 等元素, 实验已证明了这一点。

通过以上分析可以看出: 在目前的工艺技术条件下, 提高钢线强度的最好办法是, 采用添加 Si 的低合金钢种, 其抗张强度可达 2000MPa。这个钢种可以作为 PC 钢线、钢绞线和大桥钢缆用钢。

3.4.2.3 Si 系低合金钢的开发与研制

Si 系低合金钢的成分设计如表 3-19 所示。其成分设计原则是采用 JIS 标准中钢琴丝标准成分 (SWRS82B) 中 C、Mn、P、S 的成分, 为确保其强度大于 1800MPa, Si 的成分下限设定为 0.8%, 考虑到在制造过程中因脱碳等对强度的影响, 为确保其强度, Si 的上限设计为 1%。同时, 为保证钢种成分的稳定性, 对钢中残余元素如 Cu、Ni、Cr 含量也做了比 82B 更严格的限定。

表 3-19 Si 系低合金钢的成分设计 (%)

钢种	C	Si	Mn	P	S	Cu	Ni	Cr
Si 系低合金钢	0.8~0.85	0.8~1.0	0.6~0.9	≤0.025	≤0.025	≤0.06	≤0.06	≤0.06
SWRS77B	0.75~0.80	0.12~0.32	0.6~0.9	≤0.025	≤0.025	≤0.2	—	—
SWRS82B	0.8~0.85	0.12~0.32	0.6~0.9	≤0.025	≤0.025	≤0.2	—	—

3.4.3 对大桥用钢线抗松弛性的特殊要求

(1) 一般钢线, 当强度提高后韧性会下降。为保持其良好的韧性, 按 HBS

G3501 的规定要控制好其强度与韧性（伸长率）之间的最佳匹配。

（2）大桥钢缆长期受到高应力的作用，这就要求钢线需有非常良好的抗松弛特性、耐应力腐蚀抗裂纹特性，还要有承受活动载荷抗冲击的良好疲劳特性。

（3）钢线耐腐蚀性主要靠镀锌层的稳定性来保证。同时，要考虑在添加硅后对锌层的影响，以及在锌层脱落后钢线母材的耐腐蚀性。

（4）还要考虑在使用时，钢线接头部位受到积压后对钢线强度的影响和接头的锚固性。

（5）在大量生产时，钢线在冶炼时可能出现的成分波动对钢线性能的影响。

3.4.4　对钢线必须具备的特性的检验和评价

3.4.4.1　高强钢线的基础特性

A　HBS 规定的基础特性

对原料线材的成分要求见表 3-20。为确保钢线的特殊性能，对原料线材的表面裂纹深度、尺寸公差、脱碳层深度和钢中夹杂物等实物质量情况也有严格要求，见表 3-21。

表 3-20　原料线材的成分　　　　　　　　　　　（%）

项目	C	Si	Mn	P	S	Cu	Ni	Cr
A 公司	0.8	0.95	0.78	0.019	0.007	0.036	0.013	0.015
B 公司	0.81	0.85	0.79	0.005	0.004	0.01	0.04	0.07
设计目标	0.8~0.85	0.8~1.0	0.8~0.9	≤0.025	≤0.025	≤0.06	≤0.06	≤0.06

表 3-21　线材的实物性能

项目	线径/mm		表面裂纹深度 /mm	全脱碳层深度 /mm	夹杂物尺寸 /mm	生产厂家
	公称	实际				
1700MPa	10	10.01	0.02	0.03	0.018	A 公司
	10	10.04	0.03	0.03	0.04	B 公司
1800MPa	11	10.98	0.01	0.05	0.018	A 公司
	11.5	11.55	0.02	0.04	0.04	B 公司
JIS G 3501 规定	精度±0.4		≤0.10	≤0.07	≤0.10	

B　钢线的性能

钢线在其强度提高的同时，其韧性会有所下降。在保证其强度提高 200MPa 时，还能保证其伸长率良好，正是此钢种开发的目标。同时还要考虑到镀锌层的稳定性和钢线的直线性。钢线的性能要求见表 3-22。

表 3-22 钢线的性能要求

| 项目 | 直径/mm | | 力学性能 | | | | | 镀层性能 | | | 直线性 | |
	实测值	偏差	抗张强度/MPa	屈服强度/MPa	伸长率/%	盘绕性能	扭转/次	Zn层/g·m⁻²	附着性	线径增加/mm	线一盘/m	线/cm
A	5.01	0.02	1870	1580	6.5	良	24	365	良	0.1	8.1	0
B	5.02	0.02	1840	1560	6.8	良	26	345	良	0.09	36.7	0
C	5.00	0.04	1880	1670	6.8	良	25	377	良	0.1	52	0
HBS		≤±0.060	1600~1800		≥4	不断	≥14	≥300	无剥离	≤0.12	≥4	≤15

C 疲劳特性

高强钢线的疲劳强度比普通钢线要高 100MPa 以上。考虑到大桥主缆实际承受的应力振幅很大，它对钢线疲劳的影响，钢线的疲劳强度要有一定的储备。

D 延迟破坏特性

把钢线试样放在高温、高湿度（60℃、90%）的环境中放置 6 个月，观察钢线的延迟破坏情况。我们可以通过测定其强度的变化来判断。

E 应力腐蚀裂纹特性

应力腐蚀裂纹是在承受应力载荷的条件下发生的。应力腐蚀的环境为 20% NH_4NO_3 的 70℃溶液。将实验材放置在这样的溶液中，同时对实验材施加一定的负荷，观察它与普通材出现破断的时间差异。经实验，未发现实验的高强度钢线与普通材有何不同。

F 耐腐蚀性

钢线的耐腐蚀性是将锌层除去后，对其进行盐水喷雾实验、耐候加速实验、干湿往复实验和室外暴露实验，观察其重量的减少情况。高强钢线的耐腐蚀性与普通材是相当的。

G 蠕变特性

蠕变特性是通过对实验材施加一定的负荷后观察实验材的长度变化。实验结果显示高强度钢线因蠕变的伸长仅为普通材的 2/3，这说明加硅后可以改善其蠕变性能。另外蠕变值从过去的 0.006% 下降到目前的 0.004%。

3.4.4.2 钢缆用钢线的专用特性

A 抗侧压性能

钢线在支座与套口处受到铸钢板、镀锌板等的侧向挤压作用。经测定实际大桥钢线要受到约 50MPa 的侧向压力，这对钢线的抗张强度是有一定影响的，但高强度钢线比普通钢线具有更好的抗侧压性能。

B 抗弯曲性能

在采用 AS 工法的条件下，要考虑每股钢线所承受的弯曲能力。弯曲半径

（下靓井濑大桥 $R=290\mathrm{m}$，）通常按 $R=150\mathrm{m}$、$250\mathrm{m}$ 进行测定，结果见表 3-23。

表 3-23　弯曲半径测定结果　　　　　　（m）

实 验 材 料		$R=250\mathrm{m}$	$R=150\mathrm{m}$	备注
1600MPa	A 公司	163	168	$N=2$ 的平均
	B 公司	165	164	$N=3$ 的平均
1800MPa	A 公司	188	187	$N=2$ 的平均
	B 公司	189	189	$N=3$ 的平均

常见钢线因强度低，大多在弯曲处外侧发生断裂，为此必须考虑弯曲对钢线强度的影响。

C　钢线插口的稳定性

按 PS 工法对钢线插口部的强度、稳定性进行检测。按 100% 的强度利用率考虑，在发生插口外侧的断裂时，要考虑插口的稳定性对钢线强度的影响。一般钢线的插口是将钢线的头埋入锌、铅、铜合金中固定，这是一个古老而可靠的方法。

D　钢线的线胀系数

添加 Si 后，对钢线线胀系数的影响也必须考虑。我们是在 $-40\sim100\,^{\circ}\!\mathrm{C}$ 范围内对钢线的线胀系数进行测定，其值为 $(1.1\sim1.2)\times10^{-5}\,^{\circ}\!\mathrm{C}^{-1}$，从中可以看出添加 Si 对钢线的线胀系数无大的影响。

3.4.4.3　高强度钢线的生产可行性

A　化学成分的波动对钢线性能的影响

几种成分波动情况对性能的影响如下：

（1）表 3-24 显示了不同的 Si 含量对钢线力学性能的影响。在碳含量为 0.8% 时，钢线的强度随着 Si 含量的提高而增强，伸长率则并不显示出明显的变化。

表 3-24　Si 含量对钢线力学性能的影响

实验材	化学成分（线材直径 11.5mm）/%			镀锌钢线的性能				
	C	Si	Mn	抗张强度 /MPa	屈服强度 /MPa	伸长率 /%	弯曲次数 /次	锌层 /$g\cdot m^{-2}$
1	0.8	0.73	0.74	1887	1640	6.3	24.0	347
2	0.8	0.8	0.73	1918	1681	7.0	24.5	347
3	0.8	0.91	0.73	1926	1694	6.6	25.5	357
4	0.8	1.01	0.73	1960	1696	6.2	26.5	345

（2）表 3-25 显示了在 C、Si、Mn 含量发生小变化时，抗张强度、屈服强度和伸长率均无明显变化，这说明该钢种的性能稳定性好，与表 3-26 所示的 SWRS77B 的成分波动水平是一致的。

表 3-25 成分变化对钢线性能的影响

实验材	化学成分/%（线材直径 11.5mm）			镀锌钢线的性能				
	C	Si	Mn	抗张强度/MPa	屈服强度/MPa	伸长率/%	弯曲次数/次	锌层/g·m⁻²
A	0.84	1.01	0.86	1850 1890	1570 1620	6.6 6.9	25 27	367 356
B	0.80	0.91	0.76	1870 1860	1570 1590	6.3 7.0	24 25	346 360
C	0.84	0.92	0.76	1880 1850	1590 1570	6.2 7.0	25 26	352 391
D	0.82	0.81	0.76	1840 1830	1570 1570	6.4 7.1	25 24	385 380

表 3-26 日本本州与四国间大桥所用 SWRS77B 材的化学成分　（%）

项　目	C	Si	Mn
最小值	0.76	0.18	0.64
最大值	0.80	0.28	0.84
平均值	0.764	0.232	0.761
偏差	0.04	0.10	0.20

注：1082t。

B　大规模工业生产时成分的实际控制情况

在实际生产时，必须考虑生产中的成分波动、生产条件的变化、生产加工等因素的正常波动对钢线的影响。表 3-27～表 3-30 显示了大量生产时化学成分的控制情况、所用线材的质量情况、实验材的性能和钢线的制造实例。所用线材、钢线的性能满足工艺要求，线材的生产和钢线加工尺寸的离散度很小，说明该钢种具有稳定的性能。

表 3-27 大量生产时成分控制情况　（%）

实验材	C	Si	Mn	P	S	Cu	Ni	Cr
设计成分	0.8~0.85	0.8~1.0	0.6~0.9	<0.06	<0.06	<0.06	<0.06	<0.06
1	0.84	0.92	0.79	0.016	0.01	0.02	0.02	0.02
2	0.84	0.89	0.77	0.016	0.01	0.02	0.02	0.02
3	0.80	0.93	0.75	0.009	0.011	0.01	0.02	0.03
4	0.80	0.91	0.73	0.011	0.01	0.01	0.02	0.03

表 3-28　所用线材的质量情况

项目	要求	A 公司					B 公司				
		n/t	C8005		C8006		n/t	C73372		C73374	
			x	σ	x	σ		x	σ	x	σ
表面裂纹深度/mm	<0.07	36	0	—	0	—	20	0	—	0	—
夹杂物	<0.07	1	0.02	—	0.02	—	3	0.047	0.0058	0.057	0.0058
脱碳层深度/mm	<0.07	5	0.02	0.005	0.007	0.005	12	0.053	0.015	0.053	0.015

表 3-29　大规模生产实验材的性能情况

各公司的实验材			力学性能			扭转(100d)/次	锌层厚度/g·m^{-2}	锌层附着性
			抗张强度/MPa	屈服强度/MPa	伸长率/%			
A 社	C8005	n/t	66	5	66	66	66	66
		x	1848	1500	6.61	22.7	351	良好
		σ	0.61	0.91	0.24	0.7	17.4	
	C8006	n/t	20	5	20	20	20	20
		x	1848	1494	6.63	22.7	360.7	良好
		σ	0.60	0.63	0.34	0.7	16.7	
B 社	C73372	n/t	111	10	111	111	10	111
		x	1909	1552	6.9	26	376	良好
		σ	0.70	0.84	0.49	0.91	—	
	C73374	n/t	111	10	111	111	10	111
		x	1909	1549	6.7	26	368	良好
		σ	0.73	0.86	0.60	0.91	—	
C 社	C73372	n/t	36	5	36	36	5	36
		x	1909	1549	6.1	24	333	良好
		σ	0.89	1.06	0.49	0.98	—	
	C73374	n/t	36	5	36	36	5	36
		x	190.1	156.9	5.9	25	326	良好
		σ	0.91	0.92	0.71	0.97	—	

各公司的实验材			力学性能			扭转 (100d)/次	锌层厚度 /g·m⁻²	锌层附着性
			抗张强度 /MPa	屈服强度 /MPa	伸长率 /%			
D 社	C73372	n/t	36	5	36	36	5	36
		x	1893	1569	6.5	24	326	良好
		σ	0.54	0.92	0.49	0.92	—	
	C73374	n/t	36	5	36	36	5	36
		x	1894	1551	6.3	24	326	良好
		σ	0.87	1.20	0.69	0.94	—	
标准要求		x	1800~2000	>1400	>4	>14	>300	良好

表 3-30　直径 5mm、强度为 1600MPa 级大桥用钢线的制造实例

项目		标准	桥名	因岛桥	大明门	北濑户桥	南濑户桥	下井濑户桥	大岛桥
			数量/t	5167	11962	16288	19758	13018	2014
直径	直径 /mm	5	N	11224	22722	34350	38470	26674	4428
			X	5.176	5.376	5.186	6.13	6.382	5.116
			σ	0.012	0.01	0.011	0.011	0.010	0.011
	偏差 /mm	<0.06	N	726	22722	34330	38470	26674	4428
			X	0.015	0.019	0.019	0.019	0.020	0.021
			σ	0.0073	0.009	0.010	0.011	0.009	0.011
力学性能	抗张强度 /MPa	1600~1800	N	11224	22722	34330	38470	26674	4428
			X	167.5	168.6	0.019	168.7	168.7	168.3
			σ	2.27	2.3	0.010	1.96	1.7	1.633
	屈服强度 /MPa	>1180	N	726	1422	2052	2324	1514	268
			X	133.8	134.8	135.3	136.5	135.4	136.7
			σ	1.533	1.9	1.9	1.5	1.6	1.8
	伸长率 /%	>4	N	726	1422	2052	2324	1514	267
			X	6.71	6.75	6.74	6.63	6.64	6.61
			σ	0.403	0.40	0.37	0.39	0.41	0.38
	扭转 /次	>14	N	363	711	1026	1169	757	134
			X	23.08	22.8	22.7	23.4	23.1	23.7
			σ	1.20	1.5	1.6	1.54	1.5	1.49

续表 3-30

项目		标准	桥名	因岛桥	大明门	北濑户桥	南濑户桥	下井濑户桥	大岛桥
			数量/t	5167	11962	16288	19758	13018	2014
镀层特性	锌层厚度 /g·m⁻²	>300	N	363	711	1026	1169	757	134
			X	344.6	346.9	345.1	343.2	351.9	346.3
			σ	13.08	17.9	19.3	16.5	15.1	15.5
	附着性（5D 卷曲不掉）			良好	良好	良好	良好	良好	良好
	镀后直径增加 /mm	<0.12	N	363	711	1026	1169	757	134
			X	0.096	0.098	0.096	0.097	0.098	0.096
			σ	0.0071	0.007	0.007	0.007	0.006	0.006
直线性	线卷 /cm	>4	N	—	546	823	1169	767	107
			X	—	46.02	4442	36.41	0.098	42.5
			σ	—	16.56	14.3	18.3	0.006	11.71
		<15	N		546	823	1169	767	134
			X	—	0	0	0.04	7.55	0.08
			σ	—	0	0	0.20	1.07	0.29
承载能力	疲劳 /MPa	脉动疲劳	760~1020						
		回转疲劳	340~422						
	蠕变	负荷 760~960MPa	0.007~0.014						
	延迟	湿度>90%，张力 1190MPa	放置 6 个月不断						

3.4.5　结论

　　高强度钢线是由日本新日铁和神户制钢开发研制成功的，对这个钢种的鉴定评价是在日本海洋架桥调查会指导下进行的。通过鉴定，说明大桥主缆用镀锌钢线的高强度化是成功的，它是在普通高碳钢 82B 的基础上，通过添加 0.8%~1% 的 Si 后，使其强度比 82B 高出 200MPa，实物强度可达 1800MPa，综合性能比 82B 更好，这种钢现在已广泛应用在跨海超长大桥的建设中。

4 无磁钢性能与市场

4.1 无磁钢简介

根据磁场对材料作用情况，世界上的材料可以分为三类：第一类是非磁性材料。这类材料在磁场作用下不会被磁化，不受磁场力的作用。这类材料主要有黑色金属，如传统的奥氏体系列不锈钢、析出硬化类无磁钢、无磁铸铁和高锰系列无磁钢；还有有色金属中的铝合金、镍合金和钛合金，以及非金属材料，如木材、石头、陶瓷和塑料等。第二类是磁性材料。这类材料在磁场的作用下会被磁化和吸引。这类材料主要有铁、钴和镍等。第三类是反磁性材料。这类材料在磁场作用下会被排斥。这类材料主要有铜、锑和铋等。

一般来说，非磁性材料在磁场作用下，其磁导率 $\mu \leqslant 1.5$。现在许多电子仪器和电器元件均需采用无磁性材料制造，这是因为在磁场环境中，磁性材料会对磁场分布产生干涉；同时还会使磁性材料在磁场作用下产生涡流，使材料温度升高，造成能量损失和元件破坏。无磁钢就是为了满足电子仪器、电子元件的上述工作要求而设计的。根据电器、电子元件工作要求，无磁钢的磁导率要小于 1.05。

在过去，人们主要采用奥氏体系列的不锈钢作为无磁钢使用。但这种奥氏体的不锈钢强度不能满足人们的设计要求，在对其进行冷加工的过程中，其磁导率会随加工率的增大而升高。为研究开发新型无磁钢，人们首先想到的是古老的高锰钢（HADFIELD），但由于这种钢的加工硬化大，使其至今未能获得广泛应用。

近年来，随着电子技术、核能技术和电磁技术的飞速发展，无磁钢获得了更加广泛的应用。特别是随着 IT 产业的发展，对无磁钢提出了更高的要求，需要一种磁导率低且更稳定的新型无磁钢。

通过对高锰钢、奥氏体系列不锈钢的研究，开发出了一种无磁性且更稳定的无磁钢，这种新型无磁钢吸收了高锰钢和奥氏体不锈钢的无磁稳定性、高强度的优点，同时使其在锻造性能、拉丝性能、切削性能、焊接性能和耐腐蚀性能等方面均比高锰钢有了显著改善。而且，由于减少了铬、镍等有色金属的用量，使其生产成本大大降低，这一点对缺少铬、镍资源的我国有着重要意义。

根据不同的使用要求，人们开发了多种类型的无磁钢：

（1）WCS1——耐腐用无磁钢；

（2）WCS2——加工用无磁钢；

（3）WCS3——切削用无磁钢；

（4）WCS4——建筑用无磁钢；

（5）WCSZ——专用无磁钢。

4.2　各种无磁钢的性能特点

各种无磁钢的性能特点见表 4-1。

表 4-1　各种无磁钢的性能特点

类型	无磁性	高强度高硬度	锻造性能	耐锈性能	拉丝性能		被车削性能	耐磨耗性
					酸洗	拉丝		
WCS1	优	优	良	良	优	良	一般	优
WCS2	优	优	良	一般	优	良	一般	优
WCS3	良	优	一般	一般	优	一般	良	优
WCS4	良	优	一般	一般	优	一般	差	优

4.3　无磁钢的市场前景

无磁钢 WCS1 可以制作成精密光亮钢棒、带钢、钢丝、钢管等。适用于制作电子仪器、电子元件、通信设备、音响设备等对电磁性能要求高的各种设备元件。其性能特点如下：

（1）具有高的强度，其抗张强度可达 1500MPa，见图 4-1。

（2）具有优良的无磁性，其磁导率可小于或等于 1.01，见图 4-1。

（3）具有良好的耐腐蚀性，在 200h 的盐水喷雾测试中不生锈，见图 4-2。

（4）具有良好的耐磨耗性能。其耐磨耗性能是奥氏体不锈钢 SUS304 的数倍。

无磁钢 WCS1 还适合于制造各种金属丝、网和刷，由于其具有非常好的耐冲击磨耗性、耐腐蚀性和耐弯曲性，其比用普通碳素钢制造的金属丝、网和刷的寿命长。

无磁钢 WCS1 和 WCS2 具有良好的无磁性能、高的强度和良好的耐腐蚀性能，其非常适合用于制造混凝土建筑的 PC 钢棒，即预应力钢丝和钢绞线。

无磁钢 WCS1 和 WCS2 除了具有非常好的无磁性、耐腐蚀性、高强度外还具有高的电阻率，也适合于制造用于电器设备、电子仪器的元件，如原子能电站、发电机、高速铁路用的线性电机和变压器等用的标准件——高强度无磁螺栓、螺母及垫片，见图 4-3。具体的实例有：原子能电站用：M12～M90；线性电机用：M20～M22；变压器用：M36～M80；发电机用：M36～M48。

无磁钢 WCS1 和 WCS2 还具有很好的耐热裂性、耐锈蚀性和耐磨耗性，适合

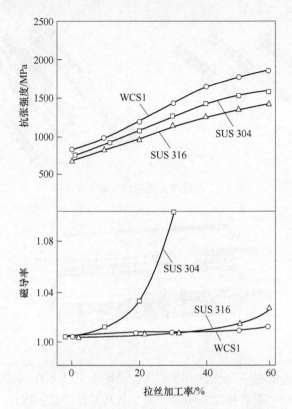

图 4-1　无磁钢 WCS1 与 SUS 304 和 SUS 316 的性能比较

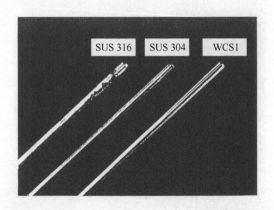

图 4-2　无磁钢与 SUS 304 和 SUS 316 耐腐蚀性的比较

于制造连铸机上电磁搅拌装置、连铸机二冷却段辊道，可以避免普通碳素钢存在的热龟裂、强度不足等问题，见图 4-4。

　　冷弯型钢用的成型辊，通常是对辊子表面进行硬化处理来提高其寿命。采用

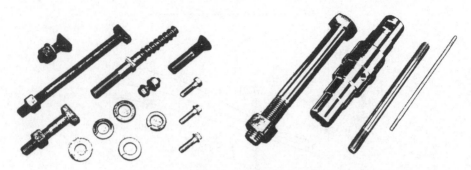

图 4-3   高强度无磁螺栓、螺母及垫片

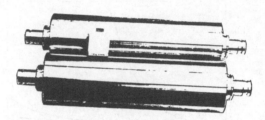

图 4-4   无磁钢辊

无磁钢 WCS1 制造的辊子（见图 4-5）其表面硬度可达 600～1000HV，这就大大提高了辊子的寿命和耐磨耗性。同时，由于其具有良好的无磁性，可防止辊子上粘铁皮造成冷弯型钢表面的凹坑。

图 4-5   无磁钢制造的冷弯成型辊

无磁钢 WCS4 可以用来制作消声辊的金属网和大型运输设备的辊道等，可延长其寿命，改善其消声效果（见图 4-6～图 4-8）。

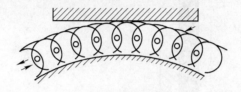

图 4-6 采用无磁钢丝编制的消声网

图 4-7 装有消声网的辊子

无磁钢 WCS4 还可以用于制作建筑用无磁性的螺纹钢筋。其性能特点如下：
（1）轧态的螺纹钢筋具有很低的磁导率；
（2）强度高；
（3）热加工成型性能好；
（4）具有良好的焊接性能；
（5）具有良好的疲劳性能；
（6）具有良好的耐冷、耐热性能。

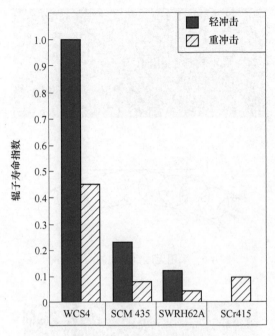

图 4-8　辊子寿命指数对比

无磁钢筋的实物性能见表 4-2。

表 4-2　无磁钢筋的实物性能

项目	屈服强度 /MPa	抗张强度 /MPa	伸长率 /%	冷弯实验 （180°）	规格 /mm
标准 JIS2 要求	≥350	≥500	≥18	好	≤D41
标准 JIS3 要求	≥350	≥500	≥20	好	D51
WCS4	410	980	53	好	D10
	390	1010	65	好	D13
	370	910	46	好	D19
	370	850	30	好	D35

　　这种无磁钢由于具有优良的力学性能和电磁性能，特别适合用做原子能电站、热电厂等工作环境恶劣的建筑材料。

　　从上不难看出，无磁钢的市场前景非常广泛，具体应用领域见表 4-3。

表 4-3 无磁钢主要应用领域

行业	具体领域	具体设备、元件	要求特性					适用钢种
			无磁性	耐磨耗	耐腐蚀	高强度	切削性	
机械	设备制造	连铸辊	好	好	好	好	好	WCS1、2
		冷弯辊	好	好		好	好	WCS1、2
		各种辊		好	好	好	好	WCS1、2
		消声金网		好		好		WCS4
		塑料磨具	好	好	好	好	好	WCS1
		气缸、液压缸		好	好	好	好	WCS1
		金属刷、丝网	好	好	好	好		WCS1
建筑业	建筑	螺纹钢	好	好		好		WCS4
	线性电机	PC 钢线	好		好	好		WCS1、2
	原子能电站	螺母、螺栓	好		好	好	好	WCS1、2
能源工业	大容量电缆、发电机	钢刷	好	好		好		WCS2
		钢带	好	好	好	好		WCS1、2
	电机、变压器	钢棒、钢带	好	好	好	好		WCS1、2
电子工业	软盘	微型弹簧	好	好	好	好	好	WCS1
		空心轴	好		好	好		WCS1
		机器人	好	好	好	好	好	WCS1、2
交通运输	汽车、高速铁路的线性电机	轴、活塞	好	好	好	好	好	WCS1、2
		环轨、螺栓、螺母、垫圈	好	好	好	好	好	WCS2
其他		钢丝	好	好	好	好		WCS1、2
		链条	好	好	好	好		WCS1、2
		皮带轮	好	好	好	好		WCS1、2
		齿轮	好	好	好	好	好	WCS1、2
		标准件	好	好	好	好	好	WCS1、2

5 无磁钢的化学成分设计与性能

5.1 无磁钢的化学成分

无磁钢的化学成分见表 5-1。

表 5-1 无磁钢的化学成分　　　　　　　（%）

用途分类	钢种代号	化学成分								
		C	Si	Mn	P	S	Cu	Ni	Cr	N
耐腐蚀用钢	WCS1	0.05~0.25	0.20~0.70	17.50~18.5	≤0.040	≤0.015	≤0.30	1.50~4.00	14.0~17.0	0.3
加工用钢	WCS2	0.20~0.25	1.70~2.20	22.50~24.50	≤0.030	≤0.010	≤0.30	2.80~3.30	5.40~6.00	
切削用钢	WCS3	0.35~0.45	0.50~0.90	7.80~9.30	≤0.40	0.17~0.23	1.80~2.30	5.50~6.30	4.70~5.50	
高强度钢	WCS4	0.60~0.70	0.60~0.90	13.25~14.75	≤0.050	≤0.03	≤0.30	≤0.30	2.00~2.50	0.3
不锈钢	SUS 304	≤0.08	≤1.00	≤2.00	≤0.045	≤0.030	≤0.50	8.00~10.50	18.00~20.00	

5.2 无磁钢的力学性能

无磁钢的力学性能见表 5-2。

表 5-2 无磁钢的力学性能

钢　种	拉　力　实　验			
	屈服强度/MPa	抗张强度/MPa	伸长率/%	断面收缩率/%
WCS1	330	770	73.0	70.0
WCS2	356	869	70.5	73.7
WCS4	410	980	53.0	65.0
SUS 304	250	570	62.0	70.0

5.3 无磁钢的物理性能

无磁钢的物理性能见表 5-3。

表 5-3 无磁钢的物理性能

钢　种	物　理　性　能			
	磁导率	电阻率 /$\mu\Omega\cdot$cm	线膨胀系数 /$℃^{-1}$	密　度 /g·cm^{-3}
WCS1	1.003	72.0	15.0×10^{-6}	8.03
WCS2	1.003	90.0	12.5×10^{-6}	7.84
WCS4	1.003	72.4	16.5×10^{-6}	7.84
SUS 304	1.007	71.0	16.5×10^{-6}	8.03

5.4 无磁钢的磁导率（拉丝加工后）

无磁钢 WCS1 和 WCS2 在经过拉丝（即使加工率达 60%）后的磁导率变化不大，基本稳定在 1.01 以下（见图 5-1）。而加工率仅为 30% 的情况下，不锈钢 SUS 304 的磁导率却发生很大变化，从原来的 1.007 升高到 1.12。这时无磁钢 WCS4 的磁导率仅升高到 1.015。就是在加工率达到 60% 的情况下，其磁导率也仅为 1.06。这充分说明无磁钢加工后的无磁稳定性很好。

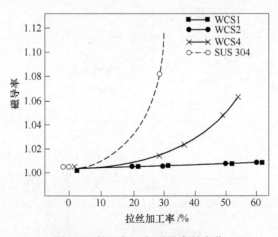

图 5-1 拉丝加工与磁导率的变化

下面再看一下在弯曲加工后和焊接后无磁钢与不锈钢的磁导率变化情况。

在弯曲加工后，无论弯曲到 45°、90° 还是 180°，无磁钢（WCS1、WCS2）

的磁导率均稳定在 1.01 以下。而不锈钢 SUS 304 在弯曲加工后其磁导率为1.03 ~
1.14。

在焊接后，无磁钢的磁导率为 1.01 ~ 1.02。而不锈钢 SUS 304 的磁导率为
1.02 ~ 1.13。

φ9mm 线材弯曲、焊接后（线材经过酸洗拉直）磁导率的变化情况见表5-4。

表 5-4　φ9mm 线材弯曲、焊接后磁导率的变化情况

测定位置		无磁钢（WCS1、WCS2）	奥氏体不锈钢（SUS 304）
	母材	1.01 以下	表面切削材 1.08 ~ 1.15 BA 处理材 1.02 ~ 1.03
弯曲后	45°		拉伸处 1.03 压缩处 1.07
	90°	拉伸处 1.01 以下 压缩处 1.01 以下	拉伸处 1.03 压缩处 1.13 ~ 1.14
	180°(5R)		拉伸处 1.15 压缩处 1.60
焊接后	十字焊接	热影响区 1.01 焊接区 1.02	热影响区 1.02 焊接区 1.09
	90°焊接	热影响区 1.02 焊接区 1.01	热影响区 1.03 ~ 1.04 焊接区 1.13
	平焊接	热影响区 1.01 以下 焊接区 1.01 ~ 1.02	热影响区 1.01 ~ 1.02 焊接区 1.06

5.5 无磁钢的耐锈蚀性

无磁钢 WCS1 的耐锈蚀性优于 SUS 304 不锈钢，具体见图 5-2。

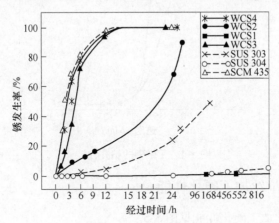

图 5-2 耐锈蚀性比较

5.6 无磁钢的切削性能

无磁钢的车削性能见图 5-3。

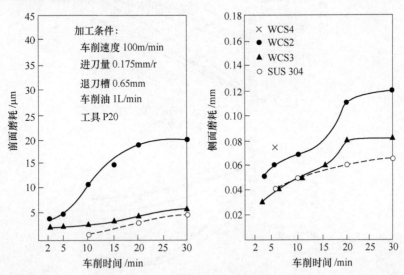

图 5-3 无磁钢的车削性能

钻孔性能见图 5-4。

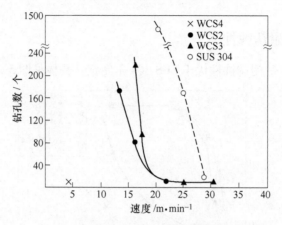

图 5-4　无磁钢的钻孔性能

5.7　无磁钢的拉丝加工硬化性能

无磁钢的拉丝加工硬化性能见图 5-5。

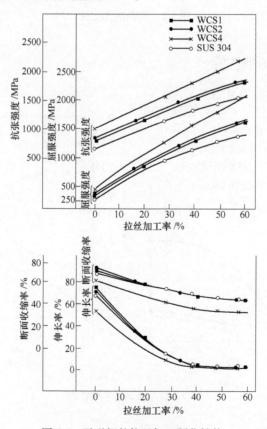

图 5-5　无磁钢的拉丝加工硬化性能

5.8 用无磁钢生产的各种钢材的实物性能

5.8.1 采用 WCS1 生产的精密棒带材（用于计算机软盘）性能

采用 WCS1 生产的精密棒带材的硬度分布见图 5-6，磁导率见表 5-5，耐蚀性见表 5-6。

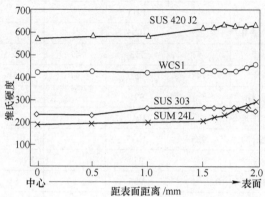

图 5-6 采用 WCS1 生产的精密棒带材的硬度分布

表 5-5 采用 WCS1 生产的精密棒带材的磁导率

钢　　种	磁 导 率
WCS1	1.01 以下
SUS 420J2	2.5 以上
SUM 24L	2.5 以上
SUS 304	1.01 以下

表 5-6 采用 WCS1 生产的精密棒带材的耐蚀性

钢　　种	生锈率/%	
	2 周期盐水喷雾	200h 连续喷雾
WCS1	0	0
SUS 420J2	—	100
SUM 24L	—	100
SUS 304	0	60

5.8.2 采用 WCS2 生产的螺母性能

采用 WCS2 生产的螺母性能见表 5-7。

表 5-7　采用 WCS2 生产的螺母性能

螺母种类	实验条件	屈服强度 /MPa	抗张强度 /MPa	伸长率 /%	断面收缩率 /%	磁导率
M22 六角	轧材	325	724	66	73	
	实验片	493	791	62	70	
	螺母原件		1011			
	V 型 6°螺母		1005			
M22 异型	实验片	351	713	47	70.5	
M20 六角	实验片	748	951	47	61	
	螺母原件		995			1.01 以下
	V 型 6°螺母		1017			
M20	螺母原件	935	1035			
M12 六角	实验片		958			
	螺母原件		986			
	V 型 6°螺母		1008			
M36	实验片	875	1002	23.6	57.3	

5.8.3　采用 WCS1 生产的锻造材性能

采用 WCS1 生产的锻造材性能见表 5-8。

表 5-8　采用 WCS1 生产的锻造材性能

直径 /mm	取样位置	屈服强度 /MPa	抗张强度 /MPa	伸长率 /%	断面收缩率 /%	磁导率
150	纵向	552	863	48.5	71.5	
150	横向	558	867	43.8	58.5	1.01
60	纵向	550	860	48.0	71	

5.8.4　采用 WCS1 和 WCS2 生产的薄带钢性能

采用 WCS1 和 WCS2 生产的薄带钢如图 5-7 所示，性能见表 5-9。

图 5-7　采用 WCS1 和 WCS2 生产的薄带钢

表 5-9 采用 WCS1 和 WCS2 生产的薄带钢性能

钢种	带钢尺寸 /mm×mm	硬 度（HRC）	磁导率	电阻率 /μΩ·cm	耐锈性	反复弯曲 90° /次
WCS2	0.3×18	47	<1.01	91.5	轻微锈	3~4
WCS2	0.2×18	49	<1.01	91.5	轻微锈	4~5
WCS2	0.1×18	53	<1.01	91.5	轻微锈	4~5
WCS1	0.3×30	48	<1.01	71	良	3~4
SUS 304	0.3×19	41	>2.5	70	良	4~5
SUS 316	0.6×16	40	<1.01	—	良	8

5.8.5 采用 WCS1 和 WCS2 生产的齿轮热处理后性能

经过等离子渗碳/渗氮处理的齿轮横断面金相照片见图 5-8，硬度分布情况见图 5-9。

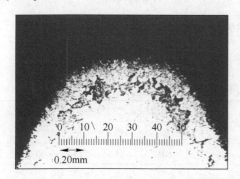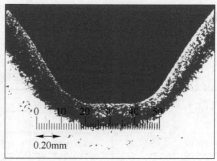

图 5-8 齿轮横断面金相照片

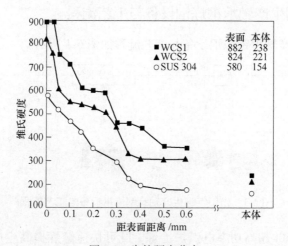

图 5-9 齿轮硬度分布

6 山阳特钢生产高速铁路车辆用轴承钢技术

日本山阳特钢成立于 1933 年，主要生产轴承钢、模具钢、易切钢、不锈钢和工具钢，主要供应汽车、铁路、工程机械、石油机械、火力发电等行业所需的工模具、零部件和成套设备用材，设计年产量 100 万吨。

其主要设备有：冶炼设备：电弧炉、LF 精炼炉、RH 真空脱气装置、电渣重熔设备、真空电弧-自耗电机重熔设备；开坯设备：1500t、3000t 锻造机和热挤压机，ϕ975mm 二辊开坯轧机，其电机功率为 DC3000kW；轧制设备：高精度三辊行星轧机，其电机功率为 1500kW，主要生产 85~210mm 棒材。

6.1 高速铁路车辆用轴承钢实际控制水平

高速铁路车辆用轴承钢实际控制水平见表 6-1。

表 6-1　高速铁路车辆用轴承钢实际控制水平

钢厂	钢种	氧含量/%	夹杂物控制/μm					抗疲劳寿命/次
			A	B	C	D	DS	
山阳特钢	JIS SUJ2	$(4\sim6)\times10^{-4}$	≤5	≤7	≤9	≤11	≤14	60×10^6
普通钢厂	GC_R15	$(10\sim40)\times10^{-4}$	≤11	≤15	≤16	≤18	≤22	20×10^6

6.2 山阳特钢生产轴承钢炼钢设备与工艺流程

山阳特钢生产轴承钢炼钢设备与工艺流程如图 6-1 所示。

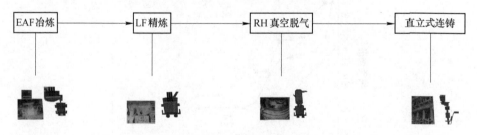

图 6-1　山阳特钢生产轴承钢炼钢设备与工艺流程

（1）采用 160t 超高功率电弧炉冶炼，既可快速熔炼提高生产效率，又可保证钢液质量均匀稳定。

（2）采用偏心炉底出钢，可防止渣混入钢液中，减少钢中夹渣。

（3）采用钢包精炼，通过控制最佳的钢渣组成来控制钢中夹杂物的形态。

（4）采用低 SiO_2 耐火材料，可以减少钢液被污染。

（5）采用 RH 真空脱气工艺，可以使钢液中的夹杂物析出，并可阻止大块夹杂物生成。

（6）采用立式大方坯连铸机，连铸坯尺寸为 380mm×490mm。立式连铸的优点是有利于夹杂物上浮，防止偏析的出现。

（7）在整个浇铸过程中采用保护浇铸。从钢包到中间罐采用长水口全密封，中间罐与结晶器之间采用侵入式水口，防止钢液被空气二次氧化。

在中间罐内设有挡渣墙，防止钢渣混入钢液中。同时，在结晶器处装设电磁搅拌装置。适度控制浇铸速度，一般在 0.4～0.6m/s。

6.3 高洁净钢的抗接触疲劳性能

对生产高碳高铬轴承钢而言，要使其具有良好的抗接触疲劳性能，归其原因，主要是：

（1）采用合理的工艺设备，即采用 EF+LF+RH+CC，采用这样的工艺设备生产的日本新干线时速 285km/h 高速列车用轴承，其夹杂物尺寸可控制在很低的水平。而采用 EF+（RF）+CC 普通工艺设备生产的车辆用轴承的夹杂物尺寸要大得多。

（2）控制好钢中的氧含量和钢中夹杂物尺寸。钢中氧含量越低，夹杂物尺寸越小，钢的抗疲劳寿命就越长（见图 6-2）。

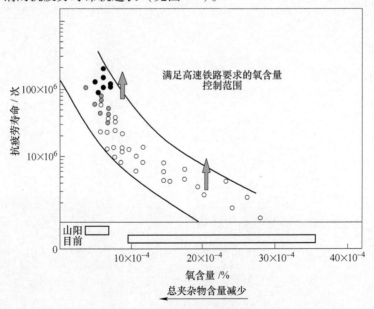

图 6-2 氧含量与抗疲劳寿命的关系

6.4　日本轴承钢 SUJ 标准

日本轴承钢 SUJ 标准见表 6-2。

表 6-2　日本轴承钢 SUJ 标准　　　　　　　　（%）

钢号	C	Si	Mn	P	S	Cr	Mo
SUJ1	0.95~1.10	0.15~0.35	0.50	≤0.025	≤0.025	0.90~1.20	—
SUJ2	0.95~1.10	0.15~0.35	0.50	≤0.025	≤0.025	1.30~1.60	—
SUJ5	0.95~1.10	0.40~0.70	0.90~1.15	≤0.025	≤0.025	0.90~1.20	0.10~0.25

7 采用转炉工艺生产高清洁轴承钢技术

7.1 引言

一般对轴承钢而言，主要是希望它具有长的抗转动疲劳寿命。而转动疲劳寿命又与钢材的氧化物、氮化物的夹杂有关，其含量越低，钢的洁净度越好，其抗转动疲劳的寿命也越长。因此，在炼钢工艺中采用何种精细化技术是非常关键和重要的。

7.2 所采用的转炉工艺流程与设备

所采用的转炉工艺流程与设备见图 7-1 和表 7-1。

图 7-1　生产高清洁轴承钢转炉工艺流程

表 7-1　生产高清洁轴承钢所用转炉设备功能及参数

设　　备		功　能　及　参　数
H 炉		对铁水脱 P 脱 S
转炉		采用上下复合吹炼，进行脱 C、脱 Ti。炉容为 80t。
钢包		完全除渣
ASEA-SKF		对钢水进行电磁搅拌。炉容 90t，炉衬采用 Al_2O_3-MgO-C 及 MgO-C 耐火材料
BL-CC		中间包容量 16t。结晶器尺寸 300mm×430mm，铸速 0.6m/min。电磁搅拌 M+F-EMS
除渣		钢包倾斜式
钢包精炼	电磁搅拌	单边式电磁搅拌，变压器容量 12MV·A
	钢液加热	电极尺寸 355.6mm，加热速度最大 4.5℃/s，P.C.D 800mm
	真空脱气（VD）	5 级+3C 多段式，可达真空度 66.66Pa 以下

7.3　轴承钢的洁净化技术

7.3.1　低 Ti 化技术

钢中的 Ti 主要来自铁合金，不同品种的铁合金中 Ti 含量差距很大，如表 7-2 所示。在钢包精炼加入铁合金后，铁合金中 Ti 的收得率近乎 100%，假定在钢包精炼时要达到成分所需 Cr 含量的铁合金，即使用含 Ti 低的铁合金时，残留在钢中的 Ti 也要达到 $14\times10^{-4}\%$。

表 7-2　不同品种的铁合金中 Ti 含量　　　　　　　　　　　　　（%）

品　种	FeCrH5E	FeCrLC
铁合金中 Ti 含量（质量分数）	0.303	0.054

在转炉中 Ti 的行为分析：在转炉吹氧的条件下，铁水中的氧化铁与 Ti 发生如下反应：

$$\text{Ti}+2\text{FeO} =\!=\!=\!=\text{TiO}_2+2\text{Fe}$$

图 7-2 显示在转炉冶炼过程中，钢水中 Ti 含量的变化情况。在 H 炉对铁水预处理过程中，Ti 含量是迅速下降的，在转炉吹炼过程中 Ti 的含量基本保持稳定。但随着钢包精炼铁合金的加入，钢水中的 Ti 含量逐步增加。这是因为在转炉中加入的铁合金溶解度与吹氧强度有关，尤其是采用底吹弱搅拌的情况下，可能在钢水中还有残留，按照其在钢水中的溶解度分析，应从吹炼中期到末期其完全溶解。所以，采用底吹强搅拌让铬铁合金在早期溶解是防止 Ti 含量在吹炼末期高的措施之一，选取合适的吹炼强度是必要的。

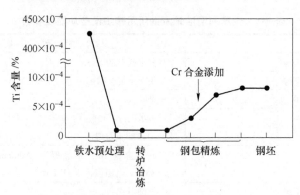

图 7-2　炼钢工艺与钢中 Ti 含量的关系

图 7-3 显示在钢包精炼中铁合金的加入量对钢坯中 Ti 含量的影响。在采取底吹强搅拌工艺时，铬铁合金加入量在 4.2kg/t 以内时，钢坯中的 Ti 含量降低得比较好。

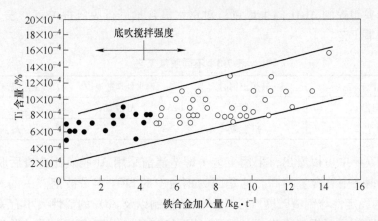

图 7-3　钢包精炼中铁合金（低碳铬铁）加入量与钢坯中 Ti 含量的关系

7.3.2　低氧含量技术

钢中氧的存在是以 Al_2O_3 系的夹杂物形式出现。降低钢中全氧含量的实验结果如图 7-4 所示。

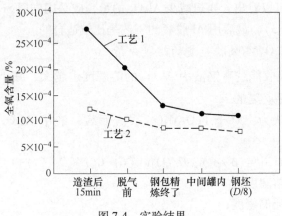

图 7-4　实验结果

控制 Al_2O_3 的生成：包括采用合适的脱氧剂和在冶炼过程中采取防止钢液被二次氧化的措施。

控制 Al_2O_3 从钢液中上浮和分离：选择最合适的搅拌强度和使渣中的 Al_2O_3 吸收能改善措施。

7.3.2.1　最佳脱氧工艺

一般是采用 Al 对钢水进行脱氧，其反应是：

$$2Al+3O \rule[0.5ex]{2em}{0.4pt} Al_2O_3$$

从上式可以看出，在钢水中氧含量高的情况下加入 Al，其生成的 Al_2O_3 也多。所以要想控制 Al_2O_3 的生成量，对钢水氧含量进行脱氧很关键。表 7-3 显示不同的脱氧工艺。

表 7-3　不同脱氧工艺

脱氧工艺	转炉出钢时	钢水处理造渣前	钢水处理造渣后
工艺 1	Si 脱氧	Al 脱氧	
工艺 2	Si 脱氧		Al 脱氧

从图 7-4 中可以看出，采用工艺 1 即造渣前采用 Al 脱氧比造渣后脱氧（工艺 2）其钢坯中氧含量要高。这是因为钢渣中的 SiO_2 容易被钢液中的 Al 还原。而 SiO_2 的稳定性与钢渣碱度（C/S≥3）的控制以及 SiO_2 的活性大小有关。

工艺 1 揭示了钢渣中生成的 SiO_2 是不稳定的，在钢液中要同时发生以下两种反应：

$$3/2SiO_2 + 2Al === Al_2O_3 + 3/2Si$$
$$2Al + 3O === Al_2O_3$$

而工艺 2，在钢包精炼后渣中的 SiO_2 是稳定的，仅进行下述反应：

$$2Al + 3O === Al_2O_3$$

从上述分析可以看出，要想减少 Al_2O_3 的量，应采用先用 Si 脱氧，同时控制渣的碱度（C/S≥3），最后用 Al 脱氧的工艺是比较适合的。

7.3.2.2　Al_2O_3 高吸收能渣的组成分析

渣中 Al_2O_3 吸收能越高钢液中 Al_2O_3 的溶解度也越大，减小渣与固体 Al_2O_3 之间的界面张力是必要的。

R. G. Clsson 认为，对于 FeO-Al_2O_3 系渣而言，渣中 Al_2O_3 的溶解度表达式为：

$$dz/dt = (\rho_1/\rho_s)(D/Q)\ln[(C_1-C_b)/(C_0-C_1)+1]$$

式中　dz/dt——溶解度；

　　　ρ_1——渣的密度；

　　　ρ_s——Al_2O_3 的密度；

　　　D——渣的内部扩散系数；

　　　Q——扩散膜层厚度；

　　　C_1——固-液界面 Al_2O_3 的浓度；

　　　C_b——熔池中 Al_2O_3 的浓度；

　　　C_0——在初期渣中 Al_2O_3 的浓度。

渣中 Al_2O_3 的溶解度、渣中 Al_2O_3 的浓度与渣系温度等决定了固-液界面的 Al_2O_3 浓度差。

下面是对 Al_2O_3 吸收能高的渣系组成的分析。

在 1600℃时，由 CaO-SiO_2-Al_2O_3 和 CaO-CaF_2-Al_2O_3 两种渣系对 Al_2O_3 棒的侵蚀在保持一定时间条件下测定渣中 Al_2O_3 浓度的变化，便可对 Al_2O_3 的溶解度进行评价。

实验结果如图 7-5 所示，CaO-SiO_2-Al_2O_3 系与 CaO-CaF_2-Al_2O_3 系比较，渣中的 Al_2O_3 浓度降低与 Al_2O_3 的溶解度有关，可以从上面提出的 Al_2O_3 的溶解度表达式看出，C_0-C_1 大，则 Al_2O_3 的溶解度也大。

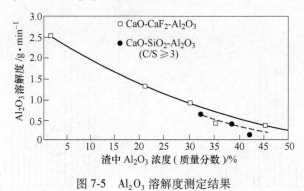

图 7-5　Al_2O_3 溶解度测定结果

下面的图 7-6 显示了两类渣系不同组成下的溶解度，由 CaO-CaF_2-Al_2O_3 组成的渣系与由 CaO-SiO_2-Al_2O_3 组成的渣系相比，在固-液界面中 Al_2O_3 的浓度有很大差距，Al_2O_3 吸收能高的渣，采用 Al_2O_3 浓度低的 CaO-CaF_2-Al_2O_3 渣系是有效的办法。

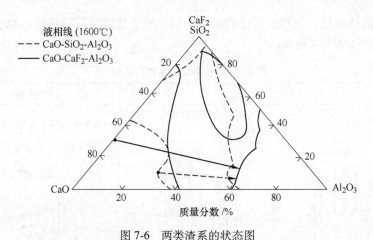

图 7-6　两类渣系的状态图

7.3.3　防止钢液被渣再次氧化

众所周知，渣中的 FeO 和 MnO 是使钢液再次被氧化的根源，减少钢液被氧化的方法主要是采用 Al 使渣变性。使用 Al 可以使渣中 Al_2O_3 的浓度增加，其吸收能降低。

主要方法：（1）稀释造渣剂；（2）减少渣中的 FeO 和 MnO。

图 7-7 显示采用 Al 改善渣性能的情况下渣中 FeO+MnO 及 Al_2O_3 的浓度分布。随着改进作业使渣改质，在同样使用 Al 的情况下，FeO+MnO 及 Al_2O_3 的浓度分布趋于低段。

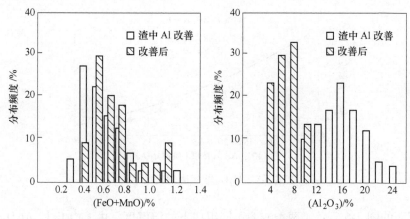

图 7-7　渣中 FeO+MnO 及 Al_2O_3 浓度分布

7.3.4　钢液搅拌的最佳化

钢液的洁净化，包括对钢液的搅拌、钢水的脱氧以及渣的精炼。钢包精炼技术搅拌条件如表 7-4 所示。

表 7-4　钢包精炼技术搅拌条件

ARC 处理		脱气处理
造渣	夹杂物上浮分离成分、温度调整	无氧化气氛下夹杂物的分离
正搅拌	逆搅拌	正搅拌

借助电弧处理、加热升温、钢液脱氧、调整成分等过程，在防止空气对钢液的二次氧化条件下，对钢液进行逆搅拌，可以使脱氧后较大的夹杂物上浮与钢液分离。而较细小的夹杂物则必须通过与渣中 Al_2O_3 溶解分离，这是在脱气处理时

进行正搅拌实现的。渣与金属界面的流速、扩散膜的厚薄等对 Al_2O_3 的溶解度有很大影响。

图 7-8 显示在钢包精炼中搅拌电流和表面流速的关系，正搅拌比逆搅拌对表面流速影响大。在正搅拌下，Al_2O_3 的吸收能高，渣中的 Al_2O_3 和夹杂物溶解分离好。

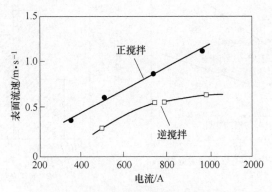

图 7-8　钢包精炼中搅拌电流和表面流速的关系

7.4　低氧含量钢的生产技术要点

以上分析了以 SUJ2 为代表的轴承钢转炉冶炼过程中所采用的降低钢液氧含量的工艺操作。表 7-5 显示了 SUJ2 渣的代表组成。

表 7-5　SUJ2 渣的代表组成　（%）

成分	CaO	CaF$_2$	SiO$_2$	Al$_2$O$_3$	MgO	Cr$_2$O$_5$	S	FeO+MnO
含量	57.0	19.55	10.95	5.95	5.48	0.03	0.336	0.68

控制好渣中 FeO+MnO 和 Al_2O_3 的低含量，可以使渣的氧化度降低，从而提高 Al_2O_3 的吸收能。如图 7-9 所示，渣精炼后经钢包精炼钢水中的全氧含量平稳降

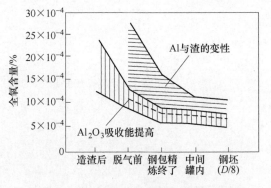

图 7-9　渣的变性与钢中全氧含量减少的比较

低。图 7-10 所示为钢坯全氧含量与渣中 Al_2O_3 浓度的关系，即渣中 Al_2O_3 的浓度越低，钢坯的氧含量也越低。如图 7-11 所示，钢坯的全氧含量可以小于 $8 \times 10^{-4}\%$，平均为 $6.44 \times 10^{-4}\%$。

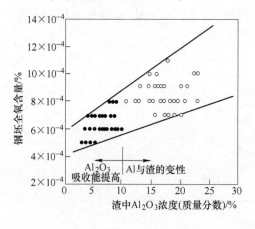

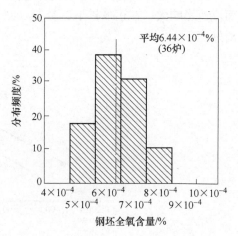

图 7-10　钢坯全氧含量与渣中
Al_2O_3 浓度的关系

图 7-11　钢坯全氧含量的分布

7.5　结论

采用铁水预处理—转炉冶炼—钢包精炼—连铸的炼钢工艺生产低氧含量的钢种时可以采取如下措施：

（1）采用上下复合吹炼转炉、底吹强搅拌的吹炼工艺，使吹炼末期 Cr 的收得率提高，而 Ti 可降低。

（2）钢包精炼、钢水脱氧方法的改进、钢水搅拌方法的控制，可以促进夹杂物上浮和分离，加上采用 Al_2O_3 吸收能高的渣系成分控制，可使钢坯中全氧含量不大于 $8 \times 10^{-4}\%$。

参 考 文 献

［1］ Tadashi Saitoh , Kanji Yokoe. Manufacturing of Wire Rods for Steel Tire Cord by Continuous-casting. 1985.

［2］ Yoshiro Yamada. Wire Rod for Higher Breaking Strength Steel Cord. 1996.

［3］ 奥岛敢. 高清净线材制造技术の最近の进步. 1987.

［4］ Yukio YAMAOKA. Development of Galvanized High-strength. High-carbon Steel Wire. 1996.

［5］ 森山彰. 主ケ--プル材料としての高强度钢线. 1995.

［6］ 董志洪. 日本合金钢棒材轧机生产技术现状. 1998（内部报告）.

［7］ 神户制钢. 高マンガン非磁性钢. 1996.

［8］ Masaki Katsumata. Development of High Strength and Toughness Low Carbon—Low Alloy Steel for Hot Forged Automobile Components. 1995.

［9］ Sanyo Special Steel Co. Ltd. High Clean Bearing Steel of SANYO. 2002.

［10］ 山腰登. 高碳素钢线の机械的性质におよぼす合金元素添加の影响. 1995.

［11］ 工藤英明. 日本の自动车工业における冷间锻造技术. 2003.

［12］ 神户制钢. 线材の2次加工技术. 2001.